Nina

W0371407

Die Auer

Unterrichts-materialien

für Mathematik

3

Band 2

Erarbeitet von Ingrid Dröse und Lorenz Weiß

Illustriert von Corina Beurenmeister

Unter die Lupe genommen von

Auer Verlag GmbH

Gedruckt auf umweltbewusst gefertigtem, chlorfrei gebleichtem
und alterungsbeständigem Papier.

1. Auflage. 2004
Nach der Neuregelung der deutschen Rechtschreibung

Umschlaggestaltung: Martina Gollnick
Umschlagillustration: Corina Beurenmeister
Gesamtherstellung: Ludwig Auer GmbH, Donauwörth
ISBN 3-403-0**3284**-1

Inhalt

Hinweise zum Umgang mit dem Buch

Alle relevanten Lerninhalte

In der Reihe **Die Auer Unterrichtsmaterialien für Mathematik** finden Sie alle relevanten Lerninhalte für den direkten Einsatz im Unterricht aufbereitet.
Der vorliegende Band 2 für die 3. Jahrgangsstufe deckt die Themen für das 2. Schulhalbjahr ab, Band 1 die Themen für das 1. Schulhalbjahr.

Einführungsstunden für jedes Thema und Kopiervorlagen

Auf den ganzseitigen Lehrer-Infos sind für jedes Thema Einführungsstunden beschrieben. Mit den speziell darauf abgestimmten Kopiervorlagen können Sie problemlos eine ganze Unterrichtseinheit gestalten.
Tipp: Mit den Inhalten der Erarbeitungsphase können Sie durch Gruppenarbeit aktiv-entdeckende Lernprozesse fördern.

Die Lehrer-Infos: Alles auf einen Blick

Die Lehrer-Infos zeigen Ihnen auf einen Blick ...

... worum es geht ↓ Stundenthema
... was Sie brauchen ↓ Material
... wie Sie vorgehen können ↓ Stundenverlauf
... wie Sie weiterarbeiten können ↓ Kopiervorlagen für Übung und Differenzierung

Die Kopiervorlagen: Alles für Einführung, Übung und Differenzierung

Mit den Kopiervorlagen erhalten Sie eine sorgfältig abgestimmte Auswahl an Einführungsmaterialien, Übungsaufgaben mit unterschiedlichem Schwierigkeitsgrad und Möglichkeit zur Selbstkontrolle.
Die Schwierigkeitsgrade sind wie folgt gekennzeichnet:

KV Kopiervorlage mit geringerem Schwierigkeitsgrad

KV Kopiervorlage mit mittlerem Schwierigkeitsgrad

KV Kopiervorlage mit höherem Schwierigkeitsgrad

Der Unterricht: Abwechslungsreich und lebensnah

Wechselnde Methoden und Sozialformen garantieren Ihnen einen abwechslungsreichen Unterricht. Alle Themen werden anhand anschaulich dargestellter Situationen aus der Lebenswelt der Kinder aufgearbeitet. Das liefert nicht nur zahlreiche Sprechanlässe, sondern fordert zum Entdecken mathematischer Zusammenhänge auf, motiviert zu individuellen Lösungsansätzen und ermöglicht ein aktives, selbstbestimmtes Lernen.

Die Auer Unterrichtsmaterialien für Mathematik: Zeitgemäß und unabhängig vom eingeführten Schulbuch

Die Auer Unterrichtsmaterialien für Mathematik unterstützen Sie bei der Vorbereitung und Durchführung eines zeitgemäßen Unterrichts und sind unabhängig vom eingeführten Schulbuch einsetzbar.

Wir wünschen Ihnen und Ihren Schülerinnen und Schülern viel Spaß mit den Auer Unterrichtsmaterialien für Mathematik!

Abkürzungen:

KV Kopiervorlage
UG Unterrichtsgespräch

Name: ______________________________ KV 1

Rechne im Kopf!

1. Rechne im Kopf und schreibe die Lösung auf!

a) 66 + 3 = ____
166 + 3 = ____
266 + 3 = ____
566 + 3 = ____

b) 42 + 7 = ____
242 + 7 = ____
642 + 7 = ____
842 + 7 = ____

c) 58 + 2 = ____
358 + 2 = ____
558 + 2 = ____
758 + 2 = ____

2. Ergänze zum nächsten Hunderter!

294	798	383
294 + 6 = 300		

591	192	495

696	897	999

3. Ergänze das Zahlenrechteck immer auf 1000!

200 ____	400 ____	900 ____
500 ____	800 ____	100 ____
300 ____	600 ____	700 ____

4. Zähle immer das Gleiche dazu!

a) 30 + 300 = ____
33 + 300 = ____
233 + 300 = ____
633 + 300 = ____
439 + 300 = ____
437 + 300 = ____
636 + 300 = ____

b) 300 + 20 = ____
320 + 20 = ____
656 + 20 = ____
666 + 20 = ____
738 + 20 = ____
780 + 20 = ____
786 + 20 = ____

Name: ______________________	KV 2

Rechne im Kopf!

1. Rechne im Kopf und schreibe die Lösung auf!

a)	b)	c)
46 + 30 = ______	62 + 70 = ______	38 + 20 = ______
146 + 30 = ______	562 + 70 = ______	438 + 20 = ______
446 + 30 = ______	762 + 70 = ______	638 + 20 = ______
646 + 30 = ______	362 + 70 = ______	838 + 20 = ______

2. Ergänze auf 1000!

897	596	392
897 + 103 = 1000	= 1000	= 1000

695	483	191

298	794	999

3. Ergänze das Zahlenrechteck immer auf 1000!

130 ______	750 ______	570 ______
490 ______	320 ______	240 ______
680 ______	860 ______	990 ______

4. Trage die richtige Lösung ein!

+	120	345	675	477
124				
253				
				699

+	456	333	263	
124				
530				
245				555

Name: ____________________ **KV 3**

Rechne im Kopf!

1. Rechne im Kopf und schreibe die Lösung auf!

a) 66 + 48 = ______
266 + 48 = ______
456 + 48 = ______
776 + 48 = ______

b) 58 + 37 = ______
268 + 37 = ______
478 + 37 = ______
898 + 37 = ______

c) 78 + 76 = ______
278 + 76 = ______
588 + 76 = ______
798 + 76 = ______

2. Rechne aus!

a) 181 + 44 = ______
269 + 71 = ______
384 + 29 = ______
772 + 82 = ______
285 + 73 = ______
388 + 38 = ______
557 + 54 = ______
763 + 58 = ______

b) ______ − 39 = 745
______ − 16 = 675
______ − 12 = 899
______ − 39 = 546
______ − 29 = 786
______ − 49 = 543
______ − 19 = 879
______ − 21 = 234

c) 28 + 513 + 52 = ______
26 + 29 + 44 = ______
78 + 92 + 200 = ______
23 + 16 + 357 = ______
32 + 248 + 12 = ______
425 + 35 + 19 = ______
64 + 616 + 11 = ______
38 + 226 + 34 = ______

3. Ergänze das Zahlenrechteck immer auf 1000!

657	______
356	______
789	______

145	______
539	______
671	______

902	______
255	______
873	______

4. Trage die richtige Lösung ein!

+	178	267	413	583
167				
369				
				662

+	453	289	326	173
296				
			753	
	734			

Lehrer-Info: Kopfrechenschleichtraining

Materialbedarf

- ❑ Die Aufgabenkarten KV 4–14, S. 8–13 je einmal auf Folie und in gewünschter Schülerzahl kopieren, eventuell für die drei Schwierigkeitsgrade unterschiedliche Farben verwenden.
- ❑ Lösungskarten von KV 4–14 anfertigen und je 4-mal auf z. B. grünes Papier kopieren.

Vorbereitung

- ❑ Die Aufgabenkarten KV 4–14 werden im Klassenzimmer ausgelegt. Daneben legt man jeweils verdeckt die entsprechenden Lösungskarten.

Einführung

- ❑ Mit Hilfe der Overheadfolien stellt der Lehrer die **Aufgabenkarten** KV 4–14 vor.
- ❑ Die **Regeln** für das Kopfrechenschleichtraining werden besprochen:
  - Hole dir schleichend eine Aufgabenkarte!
  - Arbeite leise an deinem Platz!
  - Hole dir schleichend die Lösungskarte!
  - Kontrolliere deine Ergebnisse!
  - Lege schleichend die Lösungskarte zurück und hole dir die nächste Karte!

Durchführung

- ❑ **Übungsphase:** Die Schüler arbeiten völlig selbstständig. Sie wählen Aufgabenkarten, die ihrem Anspruchsniveau entsprechen, bearbeiten diese und kontrollieren ihre Ergebnisse mit den Lösungskarten.
- ❑ Die **Dauer** des Kopfrechenschleichtrainings bestimmt der Lehrer durch eine Zeitvorgabe.

Name: ______________________________ **KV 4**

Finde die Lösung für die Turmsteine!

Turm 1:
- oben: ___
- Mitte: ___ | ___
- unten: 60 | 140 | 320

Turm 2:
- oben: 800
- Mitte: 200 | ___
- unten: 134 | ___ | ___

Turm 3:
- oben: 400
- Mitte: ___ | 260
- unten: 20 | ___ | ___

Name: ____________________ KV 5

Rechne im Kopf und schreibe die Lösung auf!

a)
679 – 8 = ____
560 – 8 = ____
343 – 8 = ____
740 – 8 = ____
994 – 8 = ____
788 – 8 = ____
664 – 8 = ____
213 – 8 = ____
822 – 8 = ____

b)
870 – 30 = ____
568 – 30 = ____
649 – 30 = ____
921 – 30 = ____
854 – 30 = ____
647 – 30 = ____
533 – 30 = ____
417 – 30 = ____
326 – 30 = ____

c)
460 – 51 = ____
390 – 51 = ____
581 – 51 = ____
794 – 51 = ____
670 – 51 = ____
708 – 51 = ____
275 – 51 = ____
379 – 51 = ____
985 – 51 = ____

- ✂

Name: ____________________ **KV 6**

Finde verschiedene Lösungen für die Turmsteine!

600		
___	___	
180	___	___

600		
___	___	
180	___	___

600		
___	___	
180	___	___

600		
___	___	
180	___	___

600		
___	___	
180	___	___

600		
___	___	
180	___	___

Name: ____ **KV 7**

Berechne die fehlenden Zahlen und ordne sie nach der Größe! Dann ergeben die Buchstaben ein Wort.

a) 780 + ______ = 830 r
350 + ______ = 440 i
580 + ______ = 620 P

b) 560 − 80 = ______ !
670 − 270 = ______ a
980 − 680 = ______ m

______ < ______ < ______ < ______ < ______ < ______

Lösungswort: ____________________

Name: ____ **KV 8**

Welche Ballons gehören zu Flipp, welche zu Flo? Verbinde!

Name: ______________________ KV 9

Rechne über den Hunderter!

+ 5	
97	
198	
597	
399	
796	
396	

+ 9	
493	
596	
292	
894	
695	
897	

+ 7	
197	
894	
299	
596	
798	
795	

+ 15	
787	
394	
289	
697	
586	
691	

Name: ______________________ KV 10

Rechne in der angegebenen Reihenfolge und verbinde die Ergebniszahlen!

397 + 6 = ______

304 − 7 = ______

898 + 5 = ______

904 − 5 = ______

496 + 8 = ______

895 + 7 = ______

407 − 8 = ______

295 + 6 = ______

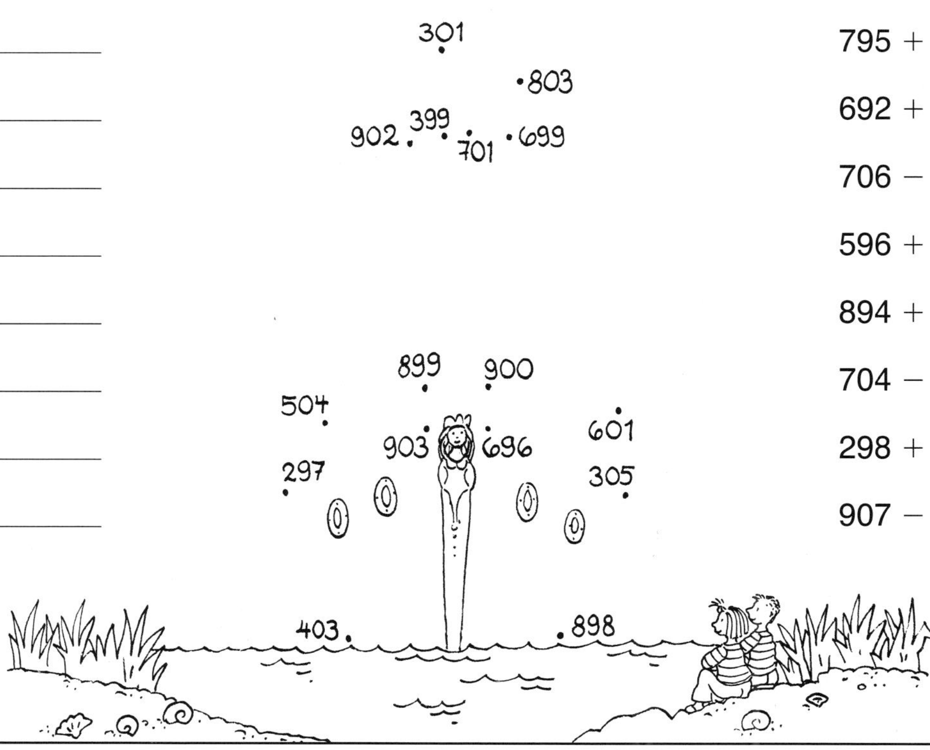

795 + 8 = ______

692 + 9 = ______

706 − 7 = ______

596 + 5 = ______

894 + 6 = ______

704 − 8 = ______

298 + 7 = ______

907 − 9 = ______

Name: ______________________ **KV 11**

1000-Meter-Rennen

800		99
200	721	
7		325
	768	
	111	289
897		
	658	
562		13

Name: ______________________ **KV 12**

Überlege und setze das richtige Zeichen ein: < > =! Es geht auch ohne zu rechnen!

680 − 76	◯	680 + 35	598 + 45	◯	598 − 25
345 + 0	◯	345 − 0	410 − 200	◯	510 − 300
546 + 45	◯	546 + 13	567 + 35	◯	567 + 56
789 − 78	◯	638 − 78	670 + 74	◯	650 + 94
167 − 56	◯	166 − 55	450 − 34	◯	350 + 34
256 − 34	◯	256 − 34	340 − 20	◯	360 + 30

Name: ______________________ **KV 13**

Trage die fehlenden Zahlen in die Spinne ein!
Es gibt unterschiedliche Lösungswege.

Beispiel: 910 − □ = 110 oder 110 + □ = 910 oder 910 − 110 = □

789		110		457
		910		
			431	
343		846		

369				412
		534		
		678		
			536	
89		523		

Name: ______________________ **KV 14**

Rechne im Kopf! Trage die richtige Lösung in das Rechengitter ein!

−	48		56	17
678				
			369	
984		945		

−	123		356	
417				
809		517		
726				437

Lehrer-Info: Halbschriftliche Addition

Materialbedarf

- pro Gruppe eine Overheadfolie und ein Folienstift
- KV 15, S. 15 in Schülerzahl kopieren

Hinführung

- **Stummer Impuls:** Präsentation der Aufgabe an der Tafel (TA 1)
- **UG:** Die Schüler beginnen zu rechnen und merken, dass es sich um eine sehr schwere Aufgabe handelt.
- **Finden der Problemfrage:**
  Wie können wir diese Aufgabe lösen (TA 2)?

Erarbeitung

- **UG:** Unreflektiertes Sammeln der Lösungstipps der Schüler.
- **Stillarbeitsauftrag:** Jedes Kind macht sich auf seinem Block einen eigenen „Lösungsplan“, denn es gibt ganz verschiedene Möglichkeiten, diese Aufgabe zu lösen.
  Es ist nicht schlimm, wenn du es nicht schaffst, diese Aufgabe auszurechnen. Probiere es einfach aus! (Schnelle Rechner können verschiedene Wege finden.)
- **Partnerarbeitsauftrag:** Vergleicht eure Lösungen miteinander und erklärt euch gegenseitig, wie ihr gerechnet habt!
- **Gruppenarbeit:** Jede Gruppe erhält eine Folie und einen Folienstift.
  Arbeitsauftrag: Vergleicht eure Lösungen miteinander und schreibt unterschiedliche Rechenwege auf die Folie.
- **UG:** Die Gruppenarbeitsergebnisse werden am Overheadprojektor vorgestellt. Der Lehrer sammelt die gefundenen Rechenwege an der Tafel (TA 4). Hierbei ist auf die exakte Versprachlichung der Rechenschritte zu achten. Die Unterschiede zwischen den verschiedenen Lösungswegen sind deutlich zu machen.
  Abschließend erfolgt eine Beurteilung der Rechenwege. Vor- und Nachteile werden von den Schülern benannt.
- **Lehrerinformation:** Bei schweren Aufgaben ist es hilfreich, die Rechenschritte aufzuschreiben. Das nennt man halbschriftlich Rechnen.

Anwendung

- Auf KV 15 lösen die Schüler weitere Aufgaben nach dem Rechenweg, der ihnen am leichtesten fällt.

Weiterarbeit

- Die Schüler üben mit KV 16, S. 16.
- Der Diagnosebogen KV 17, S. 17 bildet die Grundlage für eine individuelle Förderung.

Vorschlag für ein Tafelbild

TA 1

285 + 457 =

TA 2 Wie können wir diese Aufgabe lösen?

TA 3 Unsere Lösungswege:
(Die Lehrkraft ergänzt ausgewählte Rechenwege der Kinder. Beispiel:)

TA 4

285 + 457 = 742	285 + 457 = 742
200 + 400 = 600	285 + 400 = 685
80 + 50 = 130	685 + 50 = 735
5 + 7 = 12	735 + 7 = 742

Name: ______________________ KV 15

Halbschriftlich addieren

Rechne in mehreren Schritten!

a) 327 + 240 =

b) 270 + 224 =

c) 430 + 526 =

d) 404 + 355 =

e) 568 + 230 =

f) 626 + 311 =

g) 548 + 402 =

h) 656 + 301 =

i) 127 + 750 =

j) 407 + 232 =

k) 357 + 426 =

l) 536 + 255 =

m) 305 + 568 =

n) 319 + 508 =

o) 367 + 428 =

p) 673 + 228 =

q) 548 + 346 =

r) 756 + 244 =

Lösungen:

494
567
639
759
783
791
795
798
827
873
877
894
901
937
950
956
957
1000

Name: ______________________	KV 16

Halbschriftlich addieren: Knacknüsse

1. Rechne in mehreren Schritten!

a) 498 + 188 =

b) 369 + 354 =

c) 628 + 198 =

d) 567 + 356 =

e) 789 + 147 =

f) 438 + 365 =

g) 254 + 668 =

h) 468 + 371 =

i) 764 + 167 =

Lösungen: 686, 723, 803, 826, 839, 922, 923, 931, 936

2. Rechne alle Aufgaben in mehreren Schritten nach! Fünf Ergebnisse sind falsch. Verbessere die Fehler!

a) 756 + 167 = 933

b) 636 + 46 = 882

c) 327 + 438 = 765

d) 357 + 465 = 842

e) 562 + 352 = 904

f) 482 + 35 = 717

g) 785 + 87 = 827

h) 324 + 494 = 818

i) 359 + 473 = 852

3. Schreibe hier deinen Mathe-Lerntipp zum halbschriftlichen Addieren auf:

____

____

____

Name: ____________________ | KV 17

Diagnosebogen: Halbschriftliche Addition

Rechne die Aufgaben in mehreren Schritten! Schreibe deinen Rechenweg auf!

a) 130 + 505

1 3 0 + 5 0 5 =

f) 602 + 256

k) 490 + 303

b) 362 + 217

g) 153 + 634

l) 423 + 515

c) 458 + 513

h) 191 + 322

m) 679 + 218

d) 146 + 775

i) 578 + 353

n) 246 + 455

e) 865 + 34

j) 67 + 122

o) 433 + 56

Lehrer-Auswertung:

		Summanden mit Nullen			Aufgaben ohne Übergang			Aufgaben mit 1 Übergang			Aufgaben mit 2 Übergängen			verschiedene Stellenwerte		
Nummer		a)	f)	k)	b)	g)	l)	c)	h)	m)	d)	i)	n)	e)	j)	o)
Profil	✓															
	✗															

Name: ______________________ KV 18

Halbschriftlich abziehen

Rechne in mehreren Schritten!

a) 765 − 230 =

b) 896 − 350 =

c) 385 − 260 =

d) 543 − 232 =

e) 655 − 232 =

f) 579 − 365 =

g) 537 − 218 =

h) 573 − 328 =

i) 757 − 439 =

j) 356 − 167 =

k) 761 − 273 =

l) 643 − 458 =

m) 719 − 178 =

n) 473 − 346 =

o) 467 − 294 =

p) 576 − 188 =

q) 587 − 424 =

r) 985 − 537 =

s) 586 − 253 =

t) 869 − 215 =

Lösungen:

125
127
163
173
185
189
214
245
311
318
319
333
388
423
448
488
535
541
546
654

Name: ______________________ **KV 19**

Für Rechenfüchse

1. Finde den Fehler und unterstreiche ihn! Gib Flo einen Tipp, worauf sie beim nächsten Mal achten soll!

a)		3	2	7	−	1	9	4	=				
		3	0	0	−	1	0	0	=	2	0	0	
		2	0	0	−		9	0	=	1	1	0	
		2	1	0	−			4		2	0	6	

Mein Tipp: ______________________

____

____

b)		7	4	6	−	3	9	6	=				
		7	5	0	−	3	9	2	=				
		7	5	0	−	3	9	0	=	3	6	0	
		3	6	0	−			2	=	3	5	8	

Mein Tipp: ______________________

____

____

2. Rechne vorteilhaft!

417 − 196 = ______

417 − 200 = 217

217 + 4 = 221

a) 674 − 399 = ______

b) 948 − 495 = ______

c) 366 − 298 = ______

d) 752 − 597 = ______

e) 563 − 396 = ______

3. Rechne vorteilhaft durch Ausgleichen!

a) 299 + 425 =
+1 −1
300 + 424 =

b) 538 + 327 =
+2 −
\+ =

c) 388 + 336 =
\+ −

d) 489 + 356 =
\+ −

e) 678 + 222 =
\+ −

f) 793 + 138 =
\+ −

g) 638 + 242 =
\+ −

h) 594 + 367 =
\+ −

Name: ____________________ KV 20

Diagnosebogen: Halbschriftliche Subtraktion

Rechne die Aufgaben in mehreren Schritten! Schreibe deinen Rechenweg auf!

a) 505 − 130

5 0 5 − 1 3 0 =

f) 256 − 602

k) 496 − 304

b) 367 − 212

g) 655 − 134

l) 523 − 411

c) 573 − 458

h) 322 − 191

m) 674 − 218

d) 742 − 175

i) 553 − 378

n) 445 − 256

e) 865 − 34

j) 167 − 22

o) 496 − 63

Lehrer-Auswertung:

		Subtrahend/ Minuend mit 0			Aufgaben ohne Übergang			Aufgaben mit 1 Übergang			Aufgaben mit 2 Übergängen			verschiedene Stellenwerte		
Nummer		a)	f)	k)	b)	g)	l)	c)	h)	m)	d)	i)	n)	e)	j)	o)
Profil	✓															
	✗															

Lehrer-Info: Die Körperformen Quader, Würfel, Kugel, Zylinder, Kegel und Pyramide

Materialbedarf

- ❑ Bausteine in Form der Körper: Quader, Würfel, Kugel, Zylinder, Kegel und Pyramide
- ❑ Wortkarten mit den Körpernamen
- ❑ KV 21, S. 22 1-mal pro Schülerpaar und einige in Reserve für schnelle Kinder kopieren
- ❑ KV 22, S. 23 auf Folie kopieren

Vorbereitung

- ❑ **Vorwissen schaffen:** Vor dieser Stunde muss eine intensive Wiederholung der Flächenformen erfolgen. Die Kinder müssen den Unterschied zwischen Fläche und Körper sowie die Begriffe Ecke und Kante kennen.
- ❑ **Direkt vor der Stunde:** Der Lehrer baut eine Burg aus den Bausteinen.

Hinführung

- ❑ **Stummer Impuls:** Die Burg wird im Sitzkreis präsentiert.
- ❑ **UG:** Freie Äußerungen der Schüler.
- ❑ **Impuls:** Zum Bau dieser Burg wurden verschiedene Steine verwendet.
- ❑ **UG:** Die Schüler stellen Unterschiede (Farbe, Form, Größe) fest.
- ❑ **Zielangabe:** Wir werden heute die verschiedenen Formen der Körper untersuchen.

Erarbeitung

- ❑ **UG:** Die Kinder ordnen nach der Körperform und begründen ihr Handeln. Dieses handlungsbegleitende Sprechen ist besonders wichtig.
- ❑ **Impuls:** Die Körperformen, die ihr erkannt habt, haben Namen.
- ❑ **UG:** Je nach Vorwissen benennen die Schüler die Körper. Die Wortkarten werden den Gruppen zugeordnet. Die Begriffe, die den Kindern unbekannt sind, gibt der Lehrer vor.
- ❑ **Impuls:** Der Lehrer zeigt einen Quader: An diesem Körper kannst du Dinge zählen.
- ❑ **UG:** Das Vorwissen der Schüler über Flächen, Ecken und Kanten wird aktiviert. Beispielhaft wird am Quader gezählt.
- ❑ **Impuls:** Der Lehrer zeigt einen Würfel und eine Pyramide: Die Flächen kannst du schon genau beschreiben.
- ❑ **UG:** Das Vorwissen der Kinder über Flächenformen (Dreieck, Quadrat, Rechteck, Kreis) wird aktiviert. Beispiele werden auch an anderen Körpern gezeigt.
- ❑ **Partnerarbeit:** Jede Partnergruppe erhält einen Körper und einen Auftragszettel (KV 21). Die verteilten Quader sollten identisch sein, um bei der Auswertung Verwirrung zu vermeiden! Für schnelle Schüler werden weitere Körper bereitgehalten.
  Auftrag: Du bekommst zusammen mit deinem Partner einen Körper und einen Auftragszettel. Einer liest vor, was ihr untersuchen sollt, der andere schreibt die Ergebnisse eurer Untersuchung auf.
- ❑ **UG:** Die Schüler tragen ihre Ergebnisse vor. Dabei ist besonders auf die präzise Versprachlichung und die exakte Anwendung der Fachbegriffe zu achten. Auf der Folie KV 22 ergänzt der Lehrer entsprechend die Tabelle von Aufgabe 1 (Musterlösung siehe S. 22 unten). Abschließend werden die Ergebnisse noch einmal zusammenhängend verbalisiert.

Sicherung

- ❑ **Einzelarbeit:** Arbeitsblatt KV 22, S. 23
- ❑ **Zuordnung von Gegenständen** aus der Umgebung zu den einzelnen Körperformen.
- ❑ **Körperrätsel:** Die Merkmale eines Körpers werden beschrieben und die Schüler erkennen die Körperform. Beispiel: Mein Körper hat acht Ecken, 12 Kanten und alle Flächen sind gleich.

Weiterarbeit

Im weiteren Verlauf der Sequenz wird der Würfel exemplarisch herausgegriffen. Bezüglich dieser Körperform erwerben die Kinder vertiefte Kenntnisse. Hierzu:

- ❑ **Übungen am Würfel:** KV 24, S. 25
- ❑ **Würfelnetze:** siehe Lehrer-Info S. 26, sowie KV 25–32, S. 27–30

Arbeitsauftrag für Körperdetektive

KV 21

Untersucht euren Körper genau!

1. Zählt die Ecken eures Körpers!

   Unser Körper hat ________ Ecken.

2. Zählt die Kanten eures Körpers!

   Unser Körper hat ________ Kanten.

3. Zählt die Flächen eures Körpers!

   Unser Körper hat ________ Flächen.

4. Schaut euch die Flächen ganz genau an! Welche Form haben sie?

   ____

5. Welchem Gegenstand aus der Umwelt ist euer Körper ähnlich? Überlegt einen Namen für euren Körper!

   ____

Musterlösung zu KV 22, Aufgabe 1

Wir untersuchen verschiedene Körper

Beispiel	Name der Körperform	Anzahl der Ecken	Anzahl der Kanten	Anzahl der Flächen	Form der Flächen
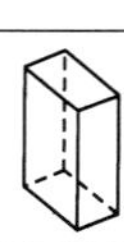	Quader	8	12	6	Rechtecke
	Würfel	8	12	6	Quadrate
	Kugel	0	0	1	1 gekrümmte Fläche
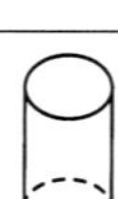	Zylinder	0	2	3	2 Kreise, 1 gekrümmte Fläche
	Kegel	1	1	2	1 Kreis, 1 gekrümmte Fläche
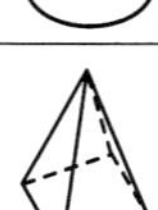	Pyramide	5	8	4	4 Dreiecke, 1 Quadrat

Name: ______________________________ KV 22

Wir untersuchen verschiedene Körper

1. Ergänze die Tabelle!

Beispiel	Name der Körperform	Anzahl der Ecken	Anzahl der Kanten	Anzahl der Flächen	Form der Flächen
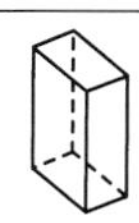					

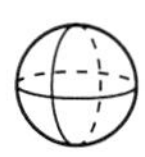					

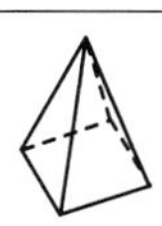					

2. Male so aus: Würfel – rot, Quader – grün, Kugel – gelb, Zylinder – blau, Pyramide – braun, Kegel – orange

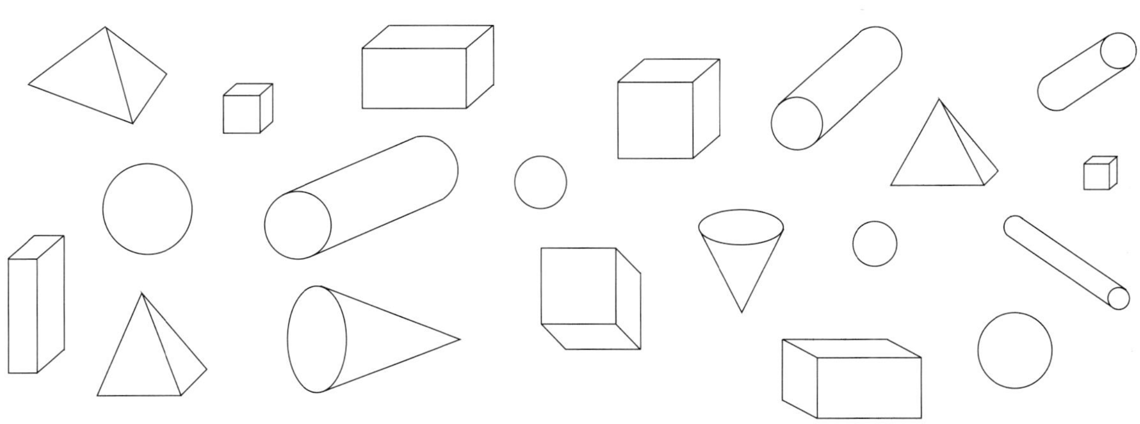

3. Richtig oder falsch? Kreuze an!

	richtig	falsch
Ein Quader hat sechs Ecken.		
Eine Kugel hat keine Ecken.		
Den Zylinder kann man rollen.		
Der Würfel ist immer größer als der Quader.		
Die Flächen beim Würfel sind gleich groß.		

Name: ______________________ | KV 23

Wir unterscheiden verschiedene Körper

1. Schreibe die Namen der Körper auf!

_______ _______ _______ _______ _______ _______

2. Jeder Gegenstand ist einem der Körper aus Aufgabe 1 sehr ähnlich.
Schreibe zu jedem Bild die passende Körperform!

 ________	 ________	 ________	 ________
 ________	 ________	 ________	 ________

3. Du siehst hier Flächen von Körpern. Welche Form könnten diese Körper haben?
Schreibe die Körperformen darunter! Achtung: Es kann mehrere Lösungen geben!

________ ________ ________ ________

________ ________ ________ ________

4. Finde heraus, welcher Körper im Sack ist! Schreibe seinen Namen darunter!

________ ________ ________ ________

Name: ______________________ | KV 24

Der Würfel

1. Beschriften die Flächen des Würfels!

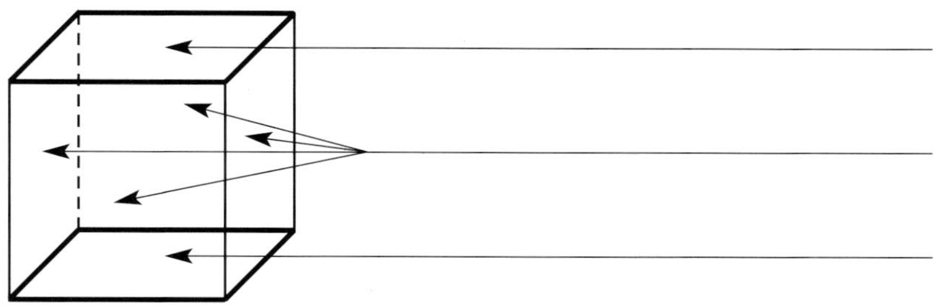

2. Welche Augenzahl liegt jeweils auf der entgegengesetzten Seite? Trage ein!

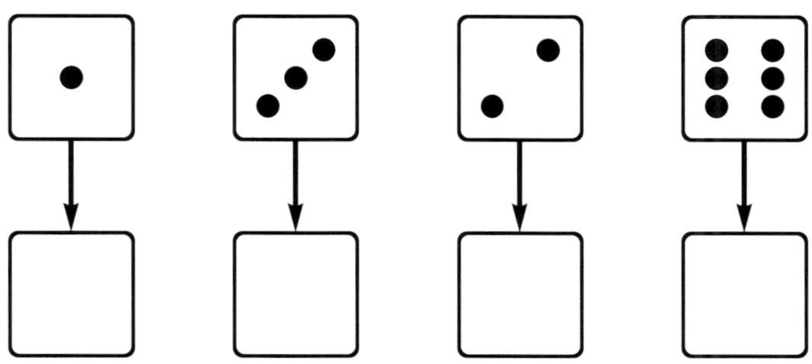

3. Die Ameise krabbelt am Kantenmodell von Ecke zu Ecke.

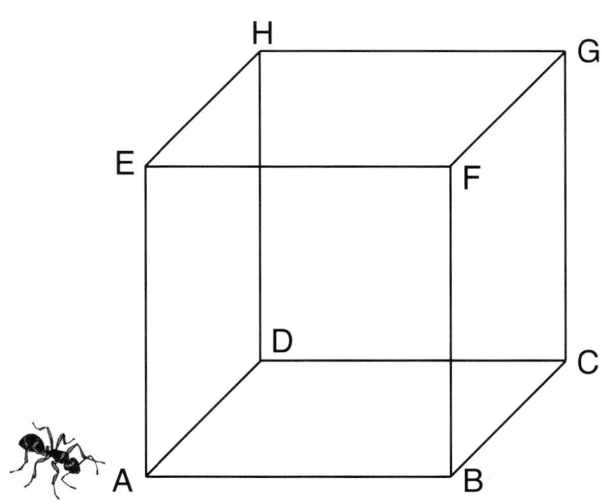

Auf welchen Wegen kann sie von der Ecke A zur Ecke F gelangen?

1. Weg: A – B – F

2. Weg: ______________________

3. Weg: ______________________

4. Weg: ______________________

Lehrer-Info: Würfelnetze

Materialbedarf

- ❑ ein größerer Würfel
- ❑ pro Partnergruppe Tesafilm, ein kariertes Blatt (A4), ein Bleistift, eine Schere und ein Lineal
- ❑ wenn vorhanden „Clixi-Material“

Hinführung

- ❑ **Stummer Impuls:** Die Lehrkraft zeigt einen Würfel.
- ❑ **UG:** Die Schüler sammeln ihre Vorkenntnisse zum Würfel.
- ❑ **Zielangabe:** Wir werden heute einen Würfel basteln.

Erarbeitung

- ❑ **UG:** Die Kinder äußern sich frei zum Problem, erste Lösungsvorschläge werden gemacht.
- ❑ **Partnerarbeit:** Jedes Schülerpaar hat Tesafilm, ein kariertes Blatt Papier, einen Bleistift, eine Schere und ein Lineal.
  Auftrag: Versucht einen Würfel zu bauen!
  Hinweis für den Lehrer: Die meisten Schüler versuchen, ein Würfelnetz zu zeichnen und anschließend zusammenzukleben. Manche zeichnen auch sechs gleich große Quadrate und kleben diese zusammen. Alles ist zulässig.
- ❑ **Auswertung:** Die Kinder zeigen ihr Ergebnis und erklären, wie sie vorgegangen sind.
- ❑ **Lehrerinformation:** Anhand der Beispiele für Würfelnetze aus der Partnerarbeit führt der Lehrer den Begriff „Würfelnetz“ ein.

Weiterarbeit

- ❑ **Herstellen eines Würfelnetzes:** Die Kinder stellen durch Zerschneiden ihres Würfels ein Würfelnetz her.
- ❑ **Kennenlernen verschiedener Würfelnetze:** Die verschiedenen Netze der Kinder werden betrachtet. Mit „Clixi-Material“ kann der Vorgang des Auffaltens noch einmal konkret nachvollzogen werden. So können auch noch fehlende Netze erarbeitet werden.
- ❑ **Übungen am Würfelnetz:** KV 25–32, S. 27–30

Hinweise für den Lehrer

Ein Netz eines Körpers existiert genau dann, wenn die Oberfläche des betreffenden Körpers abwickelbar ist. Eine Abwicklung ist die Ausbreitung der Oberfläche in eine Ebene. Würfelnetze bestehen aus bestimmten Anordnungen von sechs zusammenhängenden, gleich großen Quadraten. Es gibt 11 verschiedene Würfelnetze.

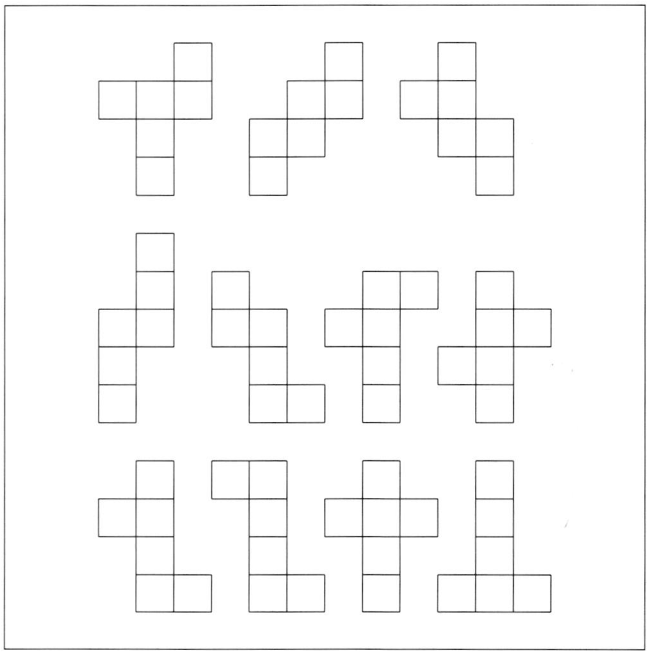

Das räumliche Vorstellungsvermögen der Kinder ist sehr unterschiedlich ausgebildet. Manche Kinder haben große Probleme, sich ein dreidimensionales Modell eines Würfels als Netz vorzustellen. Sie brauchen unbedingt die konkrete Tätigkeit, um die Abwicklung eines Würfels zu erkennen. Anderen Schülern muss erst bewusst gemacht werden, dass die Flächen eines Würfels sechs gleich große Quadrate sind und diese nicht alle in einer Reihe angeordnet sein dürfen.

Ob der Einstieg in das Würfelnetz über das Aufschneiden eines Würfels oder über das Zusammenkleben von Quadraten bzw. das selbstständige Zeichnen eines Netzes erfolgt, ist gleichgültig. Wichtig ist, dass die Kinder zunächst reale Handlungen mit Materialien durchführen, um Erfahrungen sammeln zu können und dass die realen Handlungen zunehmend durch gedankliche, in der Vorstellung ablaufende Handlungen ersetzt werden.

Name: ______________________________ KV 25

Würfelnetze

Welche dieser Netze sind keine Würfelnetze? Kreuze an!

a)

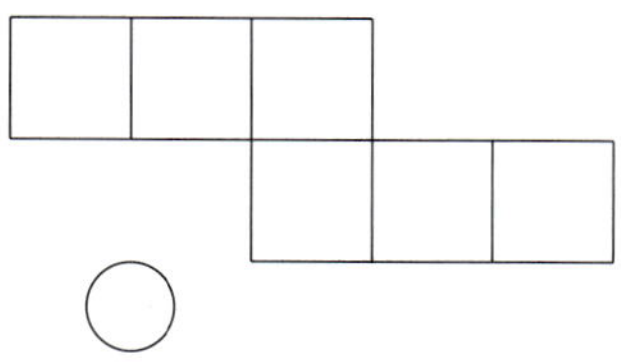

b)

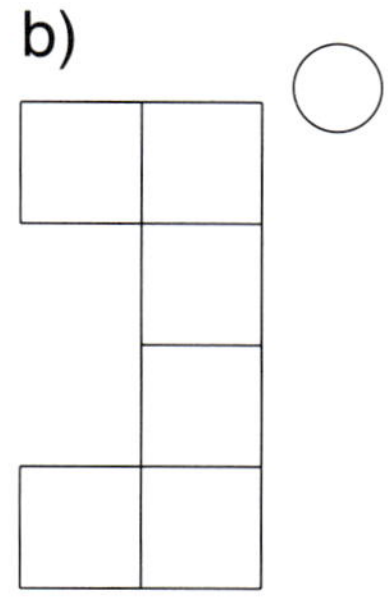

c)

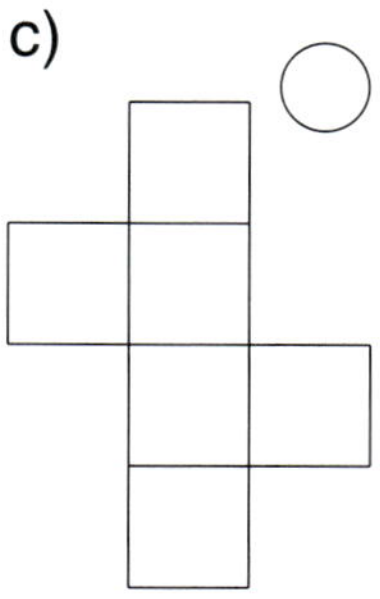

d)

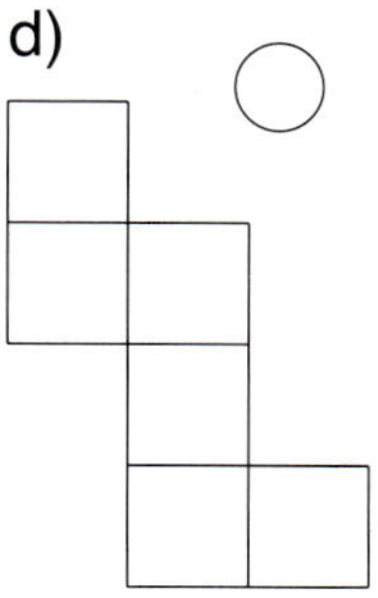

e)

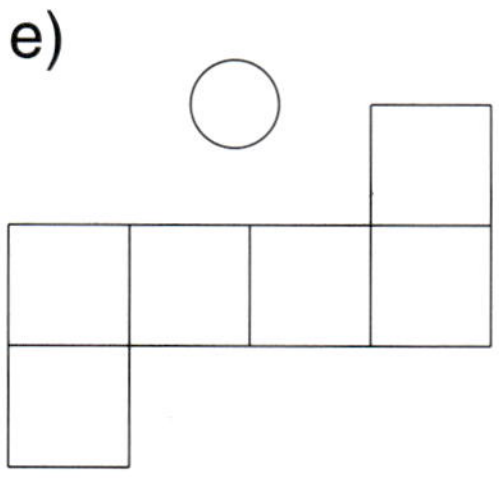

f)

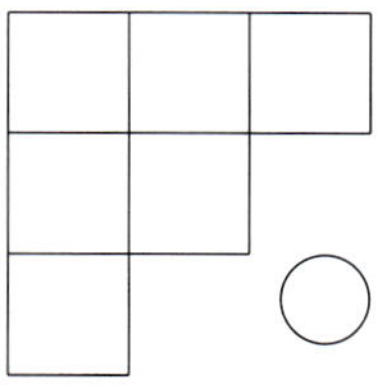

g)

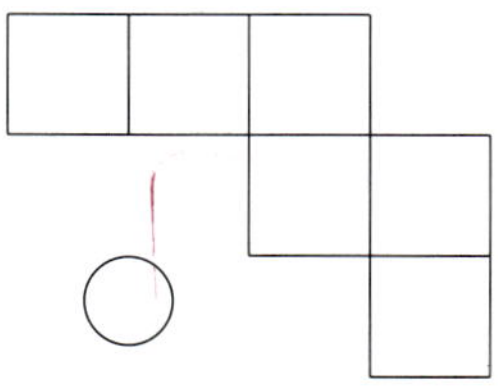

h)

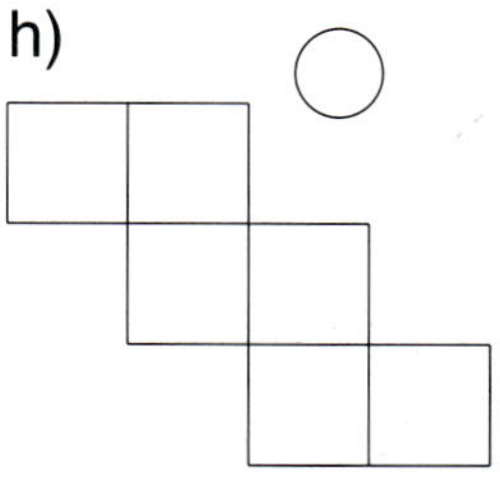

Name: ______________________________ KV 26

Fehlersuche

Suche die Fehler und korrigiere!
Erkläre bei jeder Zeichnung, welcher Fehler gemacht wurde!

a)

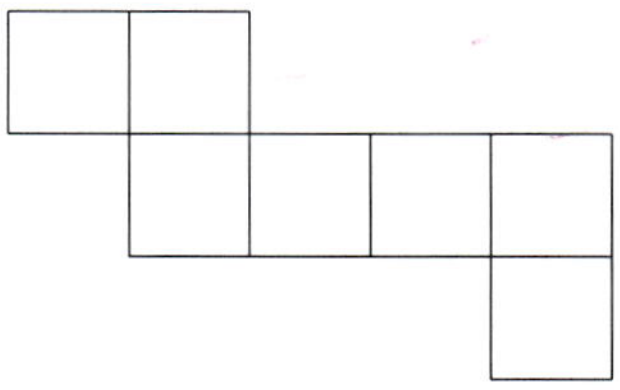

b)

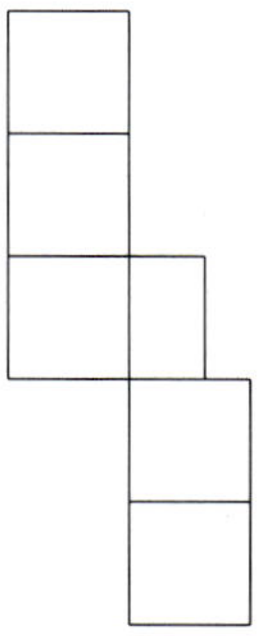

c)

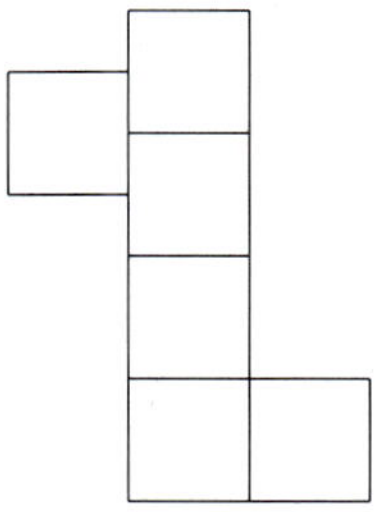

____________________ ____________________ ____________________
____________________ ____________________ ____________________
____________________ ____________________ ____________________
____________________ ____________________ ____________________

Name: ______________________________ **KV 27**

Augenzahlen finden

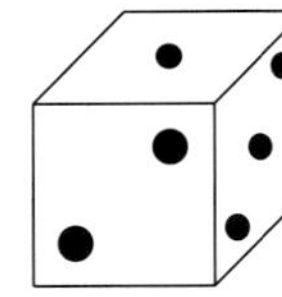

Ergänze die fehlenden Augenzahlen!

a)

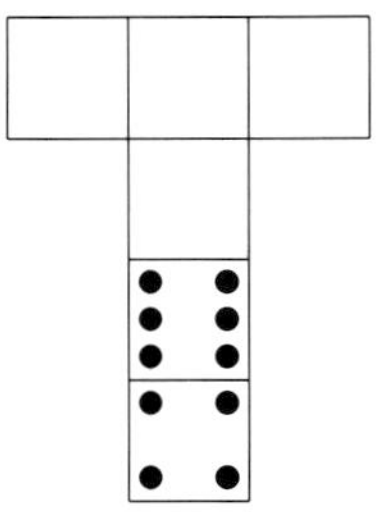

b)

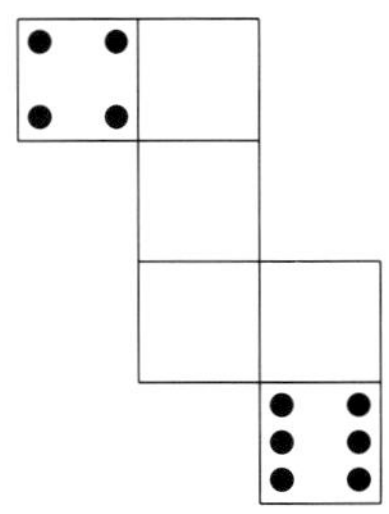

c)

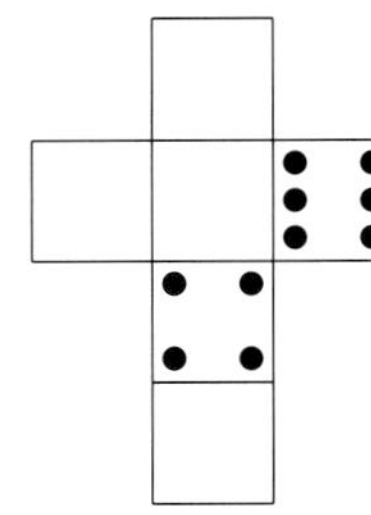

d)

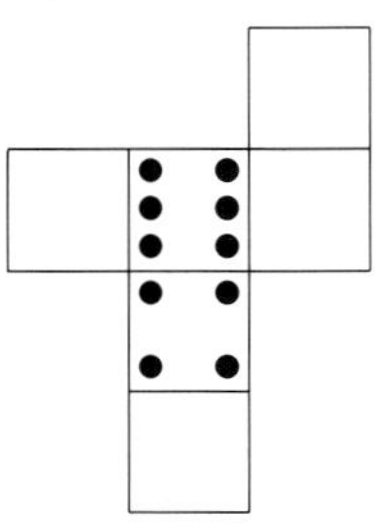

e)

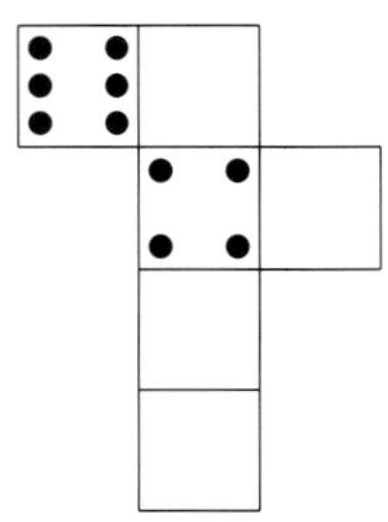

f)

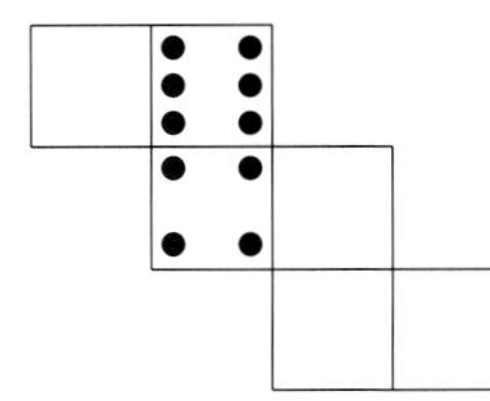

Name: ______________________________ **KV 28**

Würfelnetze gesucht

Welche Netze gehören zu dem dargestellten Würfel? Kreuze an!

a)

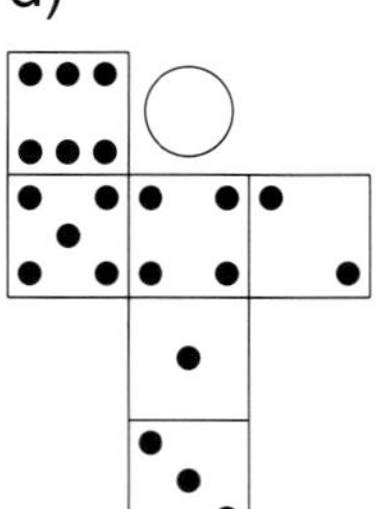

b)

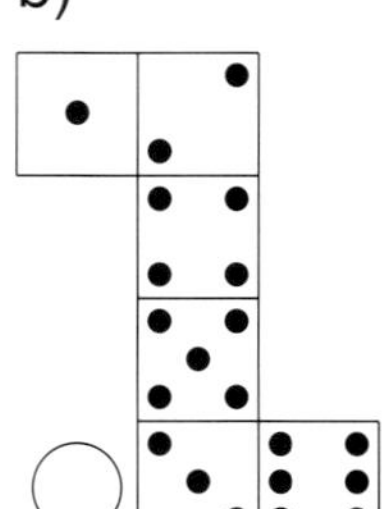

c)

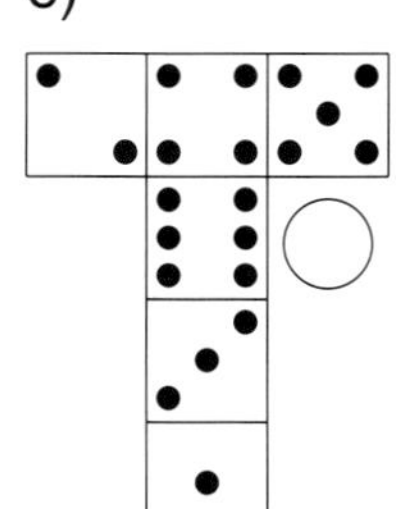

d)

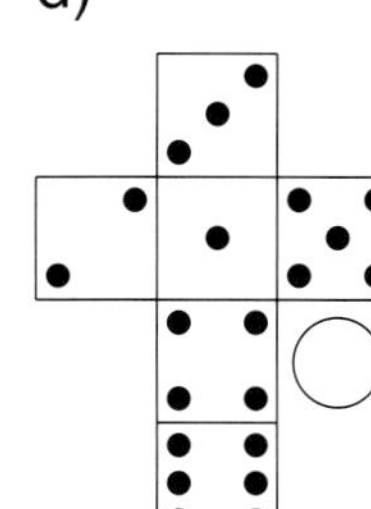

Name: ______________________________ | KV 29

Unvollständige Netze

Ergänze die fehlende Fläche, so dass ein Würfelnetz entsteht!

a)

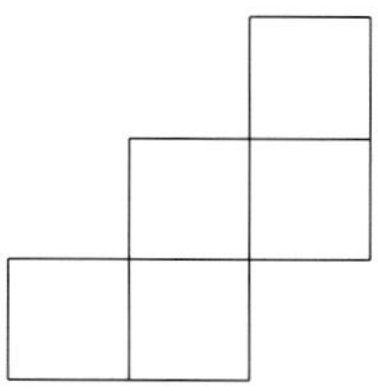

b)

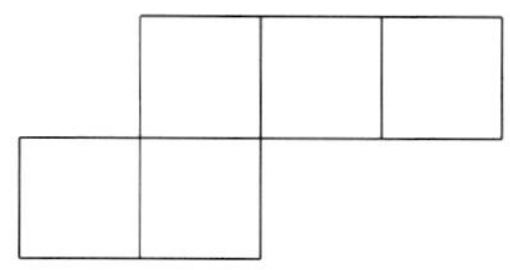

c)

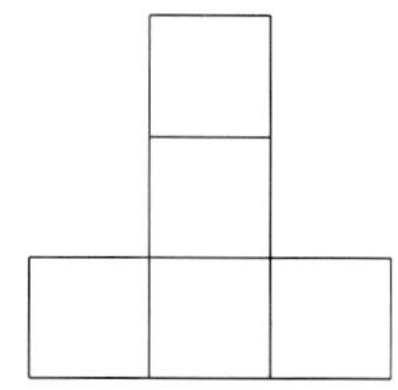

d)

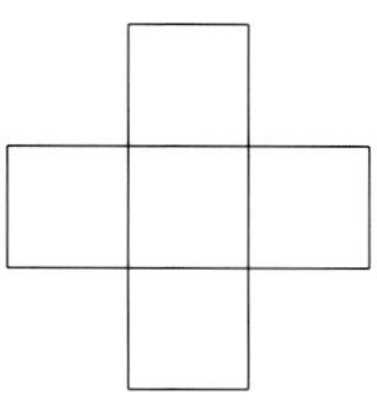

e)

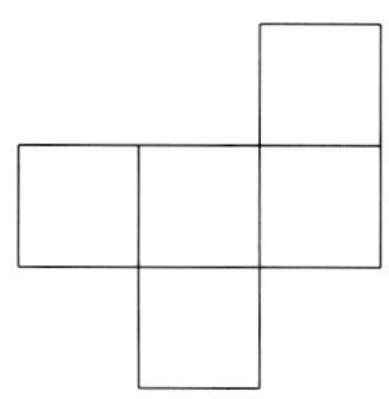

f)

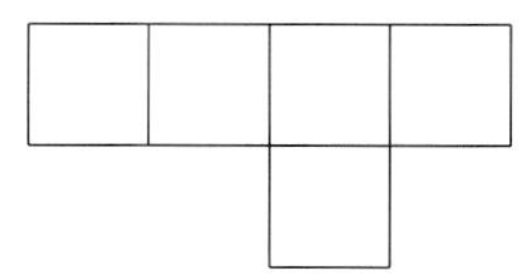

Name: ______________________________ | KV 30

Zusammengehörige Flächen finden

Male die Flächen, die sich nach dem Zusammenfalten gegenüberliegen, mit der gleichen Farbe aus!

a)

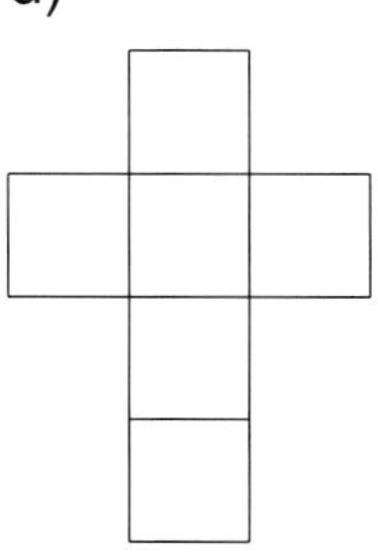

b)

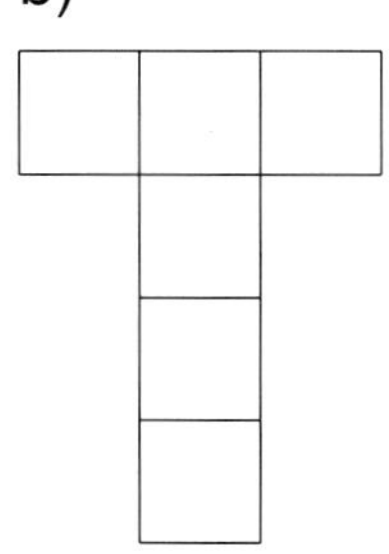

c)

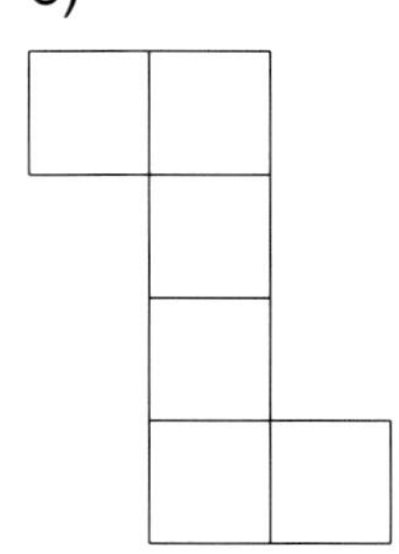

d)

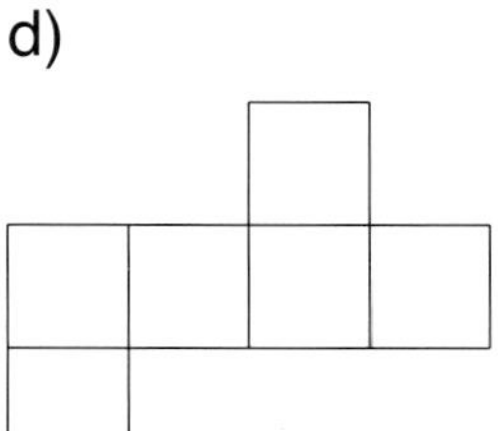

e)

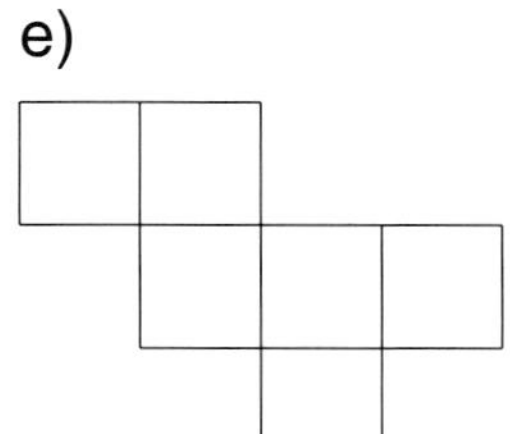

f)

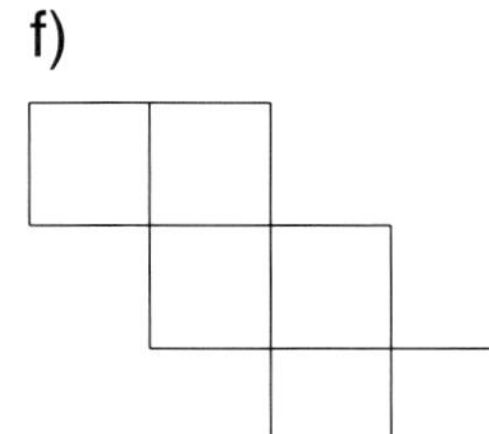

Name: ____________________ **KV 31**

Wo liegen die gekennzeichneten Punkte am Würfel?

Markiere die Punkte mit einem Buntstift!

①

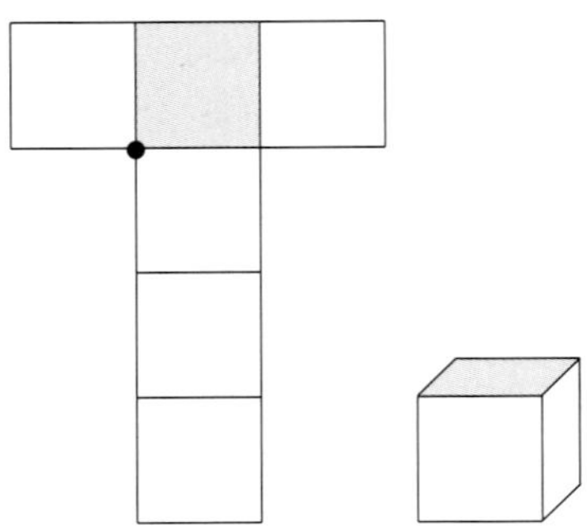

②

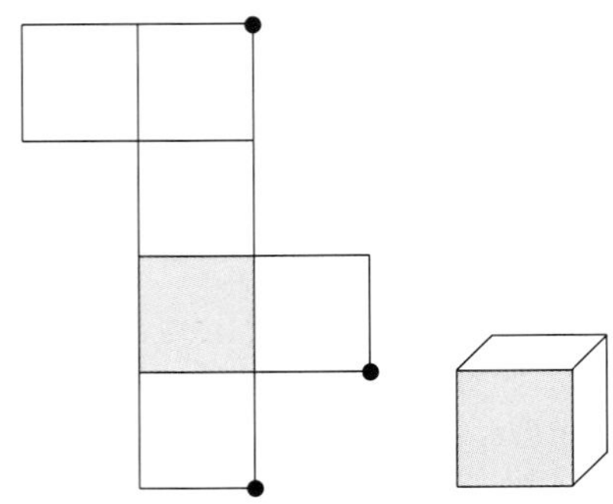

Name: ____________________ **KV 32**

Augenzahlen ergänzen

Trage die fehlenden Augenzahlen ein!

a)

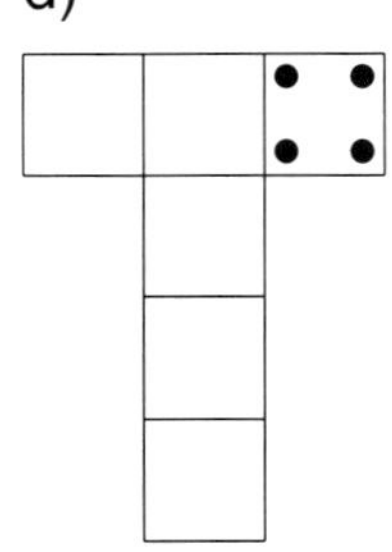

b)

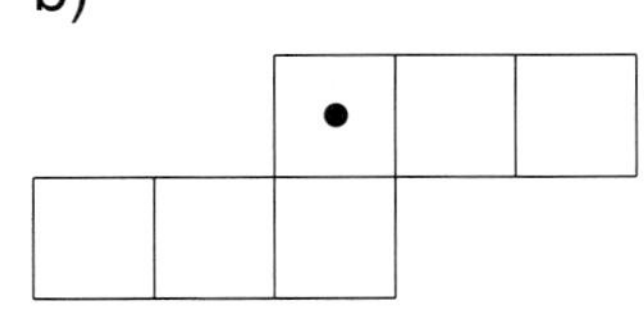

c)

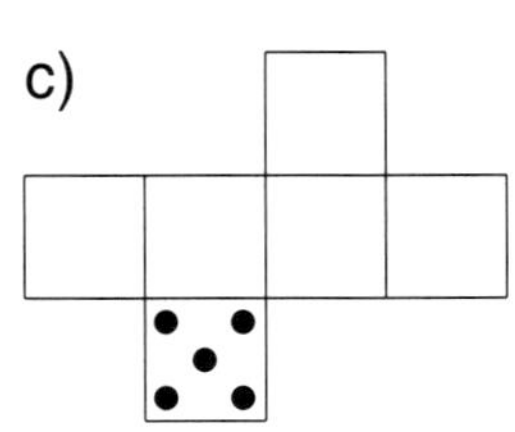

d)

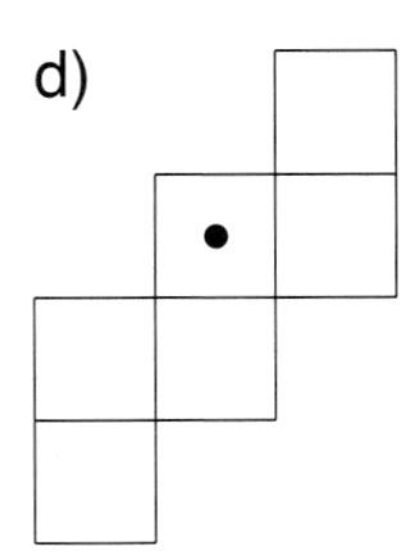

e)

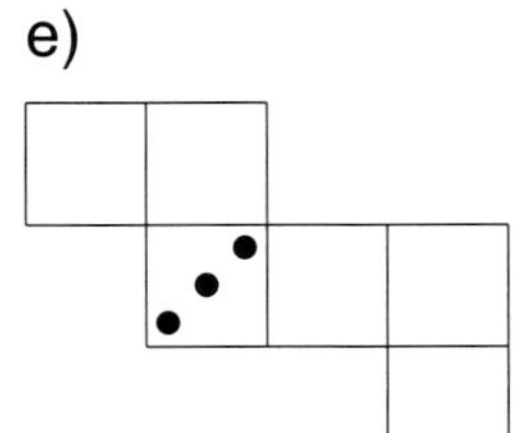

f)

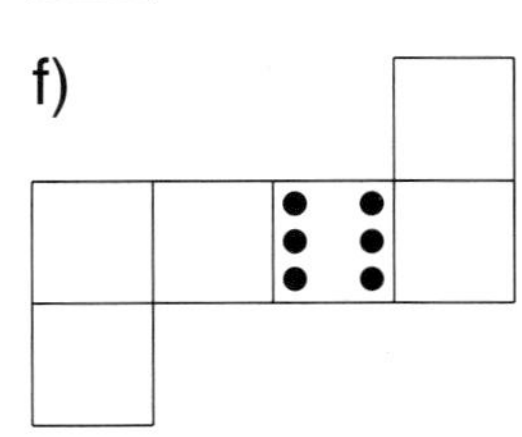

Lehrer-Info: Einführung der schriftlichen Addition

Materialbedarf

- ❑ KV 34, S. 33 in Schülerzahl und 1-mal auf Folie kopieren
- ❑ Rechengeld für die Tafel
- ❑ Rechengeld für die Kinder
- ❑ Stellenwerttafel KV 33, S. 32 auf DIN A3 vergrößert in Schülerzahl kopieren

Hinführung

- ❑ **Stummer Impuls:** Der Lehrer zeigt nur das Bild auf der Folie von KV 34.
- ❑ **UG:** Die Schüler beschreiben das Bild und stellen Vermutungen zur Sachsituation an.
- ❑ **Lehrererzählung:** Für den Schiurlaub bekommt Flo einen neuen Schianzug für 145 Euro und neue Schier für 234 Euro. Ihre Mutter steht an der Kasse. Die Kassiererin ist ganz aufgeregt. Die Computerkasse ist ausgefallen! Sie holt einen Zettel und einen Stift, um selbst zu rechnen. Flo beobachtet genau, was die Kassiererin aufschreibt.
- ❑ **UG:** Die Schüler stellen Vermutungen über den Rechenweg der Kassiererin an. Sie berichten, wie sie selbst schon Erwachsenen beim Rechnen zugesehen haben und was diese anders machen: Erwachsene rechnen „untereinander“.
- ❑ **Zielangabe:** Wir lernen das schriftliche Zusammenzählen (TA 1).

Erarbeitung

- ❑ **Lehrerimpuls:** Zum schriftlichen Zusammenzählen brauchen wir eine Stellenwerttafel. Die Einer, Zehner und Hunderter der Zahlen müssen genau untereinander stehen. – Die Kinder erhalten die Stellenwerttafel (KV 33).
- ❑ **Einzelarbeitsauftrag:** Jeder legt die Zahlen mit seinem Rechengeld untereinander in die Stellenwerttafel. – Der Lehrer legt die Zahlen mit dem Rechengeld an der Tafel (TA 2).
- ❑ **Einführung des Rechenverfahrens:** Beim schriftlichen Zusammenzählen beginnt man immer mit den Einern: Schiebe alle Einer zusammen unter den Rechenstrich! 5 Einer plus 4 Einer sind 9 Einer. Nun hast du die Einer zusammengezählt. Dasselbe machst du nun mit den Zehnern. Schiebe alle zusammen unter den Rechenstrich! 4 Zehner plus 3 Zehner sind 7 Zehner. Zum Schluss schiebst du die Hunderter zusammen. 1 Hunderter plus 2 Hunderter sind 3 Hunderter. Nun kannst du das Ergebnis ablesen: Es sind 379 Euro.
  Genauso rechnet man mit den Zahlen untereinander. Schreibe genau untereinander! Vergiss nicht das Pluszeichen und den Rechenstrich! – Nun führt der Lehrer die Rechnung mit Zahlen aus (TA 3); die Kinder legen dazu erneut das Rechengeld und sprechen gemeinsam zu den Arbeitsschritten. Zur Vertiefung sprechen die Kinder die Aufgabe noch einmal.
- ❑ **Zusammenfassung:** (TA 4)

Anwendung

- ❑ Die Schüler üben mit dem Arbeitsblatt KV 34.

Weiterarbeit

- ❑ Aufgaben mit **Einer-Zehner-Übergang**
- ❑ Aufgaben mit **Zehner-Hunderter-Übergang**
- ❑ Aufgaben mit **mehreren Übergängen:** KV 35/36, S. 34 f.
- ❑ Schriftliche **Addition mehrerer Zahlen**
- ❑ Schriftliche Addition von **Zahlen mit verschiedenen Stellenwerten**
- ❑ Schriftliche Addition von **Zahlen mit Nullen**
- ❑ **Platzhalteraufgaben:** KV 37, S. 36
- ❑ **Rechenspiel** „1001 Nacht“: Lehrer-Info S. 37 und KV 38, S. 37
- ❑ **Diagnosebogen:** KV 39, S. 38
- ❑ **Lernzielkontrolle:** KV 40/41, S. 39/40

Vorschlag für das Tafelbild

TA 1 Wir lernen das schriftliche Zusammenzählen

TA 2

	H	Z	E
	(Lösen der Aufgabe mit Rechengeld)		
+			

←

TA 3

	H	Z	E
	1	4	5
+	2	3	4
	3	7	9

←

TA 4 So rechne ich richtig schriftlich zusammen:

1. Ich schreibe: Einer unter Einer
   Zehner unter Zehner
   Hunderter unter Hunderter
2. Ich denke an das Pluszeichen und den Rechenstrich.
3. Ich beginne beim Rechnen mit den Einern.

Name: ______________________ KV 33

Stellenwerttafel

H	Z	E

Name: ______________________ **KV 34**

Addiere schriftlich (ohne Übergang)!

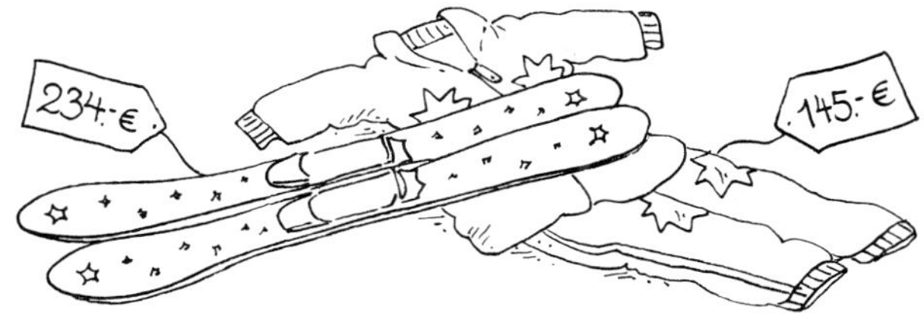

1. Zähle zusammen!

	H	Z	E		H	Z	E		H	Z	E		H	Z	E		H	Z	E		H	Z	E
	1	4	5		8	1	6		4	5	3		2	0	7		7	1	6		2	0	0
+	2	3	4	+	1	2	3	+	3	2	4	+	4	5	2	+	2	8	3	+	6	5	4

	H	Z	E		H	Z	E		H	Z	E		H	Z	E		H	Z	E		H	Z	E
	8	5	3		7	5	6		2	3	5		2	0	1		3	0	4		8	4	3
+	1	2	5	+	2	3	1	+	7	2	4	+	6	9	5	+	4	5	4	+	1	4	5

	H	Z	E		H	Z	E		H	Z	E		H	Z	E		H	Z	E		H	Z	E
	7	5	3		8	1	0		2	5	7			2	3			8	7				3
+	2	4	3	+	1	8	5	+	6	4	1	+	8	5	4	+	1	1	2	+	8	9	4

Lösungen:
199
379
659
758
777
854
877
896
897
898
939
959
978
987
988
995
996
999

2. Trage in die Stellenwerttafel ein und zähle zusammen!

a) 182 + 205 = ______
131 + 240 = ______
415 + 161 = ______
714 + 260 = ______
600 + 325 = ______
163 + 103 = ______

b) 234 + 451 = ______
654 + 213 = ______
516 + 363 = ______
366 + 531 = ______
136 + 222 = ______
276 + 412 = ______

c) 871 + 21 = ______
589 + 10 = ______
6 + 571 = ______
43 + 706 = ______
356 + 3 = ______
789 + 110 = ______

a)

	H	Z	E		H	Z	E		H	Z	E		H	Z	E		H	Z	E		H	Z	E
+				+				+				+				+				+			

b)

	H	Z	E		H	Z	E		H	Z	E		H	Z	E		H	Z	E		H	Z	E
+				+				+				+				+				+			

c)

	H	Z	E		H	Z	E		H	Z	E		H	Z	E		H	Z	E		H	Z	E
+				+				+				+				+				+			

Lösungen:
266
358
359
371
387
576
577
599
685
688
749
867
879
892
897
899
925
974

Name: ______________________________ | KV 35

Addiere schriftlich (mit Übergang)!

1. Trage in die Stellenwerttafel ein und zähle zusammen!

a)	b)	c)
452 + 354 = ______	78 + 528 = ______	8 + 97 + 456 = ______
185 + 623 = ______	777 + 26 = ______	854 + 56 + 7 = ______
632 + 74 = ______	335 + 89 = ______	8 + 90 + 702 = ______
85 + 609 = ______	513 + 187 = ______	304 + 51 + 301 = ______
453 + 448 = ______	69 + 278 = ______	56 + 871 + 9 = ______
197 + 775 = ______	487 + 293 = ______	3 + 5 + 894 = ______

a)

	H	Z	E
+			

b)

+			

c)

+			
+			

Lösungen:
972
936
917
902
901
808
806
803
800
780
706
700
694
656
606
561
424
347

2. Schreibe untereinander und zähle zusammen! Immer zwei Aufgaben haben das gleiche Ergebnis.

356 + 301	749 + 108	289 + 339	592 + 395
546 + 288	359 + 145	36 + 413 + 408	749 + 158 + 80
56 + 345 + 256	87 + 269 + 148	93 + 384 + 151	76 + 398 + 360

+			

+			
+			

Name: ____________________ **KV 36**

Schriftliches Addieren für Profis

1. Es sind 6 Aufgaben falsch gerechnet. Finde diese Aufgaben und rechne sie richtig!

563	368	700	856	234	24
+ 302	+ 559	+ 189	+ 193	+ 786	+ 497
865	826	880	1049	1020	421

865	157	237	541	789	513
+ 187	+ 589	+ 274	+ 238	+ 157	+ 597
1052	746	511	779	835	1110

852	687	80	357	560	841
+ 57	+ 50	+ 829	+ 500	+ 789	+ 109
1009	737	909	857	1349	940

2. Rechne aus! Aber überlege, manche Aufgaben sind leichter im Kopf zu rechnen.

a) 341 + 199 = ______
31 + 240 = ______
116 + 861 = ______
714 + 260 = ______
657 + 325 = ______
163 + 103 = ______

b) 875 + 105 = ______
654 + 213 = ______
516 + 401 = ______
268 + 531 = ______
136 + 399 = ______
283 + 419 = ______

c) 171 + 821 = ______
589 + 310 = ______
9 + 571 = ______
193 + 707 = ______
356 + 473 = ______
788 + 110 = ______

Lösungen: 266, 271, 535, 540, 580, 702, 799, 829, 867, 898, 899, 900, 917, 974, 977, 980, 982, 992

Name: ______________________ **KV 37**

Erst denken, dann rechnen!

1. Immer das gleiche Ergebnis!

a)

132	487	245	367	271	369
+	+	+	+	+	+
573	573	573	573	573	573

b)

+ 235	+ 458	+ 442	+ 398	+ 147	+ 257
849	849	849	849	849	849

c)

687		238		604	
+	+ 524	+	+ 627	+	+ 120
723	723	723	723	723	723

d)

84		239		70	
+	+ 107	+	+ 507	+	+ 678
931	931	931	931	931	931

Lösungen: 36, 86, 96, 119, 199, 204, 206, 253, 302, 328, 391, 407, 424, 441, 451, 485, 592, 603, 614, 692, 702, 824, 847, 861

2. Bestimme die fehlenden Ziffern! Manchmal geht es sogar über 1000! Kannst du die Aufgabe trotzdem lösen?

_41	_55	25_	_37	___	5_5
+ 12_	+ 3_3	+ 1_2	+ 1_8	+ 567	+ _35
4_3	96_	_94	72_	832	71_

5_4	7_4	_6_	_03	__6	5_4
+ _78	+ _16	+ 4_8	+ 4_7	+ _64	+ _8_
104_	_46_	1273	69_	91_	992

_6_	18_	_13	904	9_4	74_
+ 128	+ 367	+ 5_6	+ 275	+ _23	+ 6_7
+ 2_5	+ _90	+ 56_	+ 1_7	+ 12_	+ 645
932	11_2	1496	1_5_	1152	__81

Lehrer-Info: Rechenspiel „1001 Nacht“

Materialbedarf

- ❑ KV 38 (siehe unten) in Schülerzahl kopieren
- ❑ pro (Partner-)Gruppe ein Würfel

Spielverlauf

Ein Schüler würfelt insgesamt 9-mal hintereinander. Nach jedem Wurf entscheidet jeder Spieler für sich, an welcher Stelle in der Stellenwerttafel er die geworfene Zahl einträgt.
Wurde 9-mal gewürfelt, addiert jedes Kind seine Zahlen in der Stellenwerttafel.
Gewonnen hat der Spieler, der so nah wie möglich an 1001 Punkten ist, einschließlich 1001 Punkten, aber nicht über 1001 Punkten.

Beispiel:
Gewürfelte Zahlen: 1, 3, 4, 5, 2, 3, 6, 1, 2

Flipp

		3	2	1
+		4	6	3
+		1_1	5	2
		9	3	6

Flo

		5	3	2
+		6	4	1
+		1_1	3	2
	1	3	0	5

Hannes

		4	1	6
+		3	2	3
+		2	1_1	5
		9	5	4

Flo hat verloren, da sie über 1001 Punkte erreicht hat.
Hannes hat gewonnen, da er am nächsten an der Zielzahl ist.

Name: ______________________ KV 38

1001 Nacht

+			
+			

+			
+			

+			
+			

+			
+			

+			
+			

+			
+			

Name: ______________________ **KV 39**

Diagnosebogen: Schriftliche Addition

a) 344 + 425

b) 606 + 232

c) 526 + 260

d) 673 + 16

e) 537 + 245

f) 508 + 363

g) 346 + 480

h) 568 + 61

i) 568 + 275

j) 406 + 397

k) 296 + 509

l) 773 + 89

m) 546 + 234

n) 640 + 268

o) 265 + 305

p) 458 + 51

Schreibe untereinander und rechne aus!

q) 342 + 264 + 234 =

r) 564 + 7 + 89 =

Lehrer-Auswertung:

Die unten stehende Tabelle hilft bei der Auswertung des Diagnosebogens und ermöglicht auf diese Weise die Feststellung der Fehlerschwerpunkte. Eine gezielte fehlerbezogene Förderung wird dadurch erleichtert.

	dreistellig ohne 0	0 im 1. Summanden	0 im 2. Summanden	unterschiedliche Stellenwerte
ohne Übergang	a)	b)	c)	d)
1 Übergang	e)	f)	g)	h)
2 Übergänge	i)	j)	k)	l)
0 im Ergebnis	m)	n)	o)	p)
mehrgliedrige Aufgaben	q)		r)	

✓ Aufgabe richtig gelöst

✗ Fehler

Name: ______________________ | KV 40

Mathematik-Probearbeit am ____________

1. Rechne aus! /5 P.

		5	5
+	6	7	5

	8	0	4
+		9	6

	6	0	5
+	1	0	9

	5	0	3
+	2	9	7

	3	4	1
+	1	8	3

2. Schreibe untereinander und rechne aus! /4,5 P.

a) 3 + 40 + 205 b) 389 + 578 c) 457 + 59 + 286

3. Wo ist der Fehler? Kennzeichne ihn **grün** und erkläre! /4 P.

	7	6	0
+		7	3
	7	3	3

Erklärung: ______________________

	3	5	6
+	5	7	
	9	2	6

Erklärung: ______________________

4. Wie heißt die gesuchte Zahl? Schreibe deinen Rechenweg auf! /6 P.

a) Du findest die Zahl, wenn du das Fünffache von 8 zum Doppelten von 14 hinzuzählst.

____

Die Zahl heißt: _______

b) Wenn du von der gesuchten Zahl die Hälfte nimmst und 36 dazuzählst, erhältst du 84.

____

Die Zahl heißt: _______

Name: ______________________________	KV 41

5. Ergänze! /4 P.

260 g + ________ = 1 kg	1 kg − ________ = 640 g
835 g + ________ = 1 kg	1 kg − ________ = 385 g

6. Familie Meier kauft einen Videorekorder für 246 €, einen Tisch für 279 € und ein Sofa. Insgesamt bezahlt Familie Meier 1000 €. /4 P.
Wie teuer war das Sofa?

____

7. Herr Bauer verkaufte am Dienstag 264 kg Kartoffeln.
Am Mittwoch waren es doppelt so viele.

a) Wie viele Kilogramm Kartoffeln hat er insgesamt am Dienstag und Mittwoch verkauft? /4 P.

____

b) Am Donnerstag verkaufte er halb so viele Kartoffeln wie am Dienstag und zusätzlich 58 kg. /4 P.
Wie viele Kilogramm Kartoffeln hat er am Donnerstag verkauft?

____

Du hast ________ von 35,5 Punkten erreicht. Note:

Unterschrift: ______________________

Lehrer-Info: Wechseltraining zur Vorbereitung der schriftlichen Subtraktion

Materialbedarf

- ❑ Rechengeld für die Tafel
- ❑ Rechengeld für die Kinder
- ❑ Stellenwerttafel KV 33, S. 32 auf DIN A3 vergrößern und in Schülerzahl kopieren
- ❑ KV 42–48, S. 41–44 in Schülerzahl kopieren
- ❑ Lösungskarten zu KV 46–48, S. 43–44

Hinweise

Es bietet sich vor der Einführung der schriftlichen Subtraktion an, ein „Wechseltraining" durchzuführen. Es erleichtert später die Einsicht in das Verfahren der schriftlichen Subtraktion, weil hierbei gewechselt bzw. entbündelt werden muss.

Phasen des Wechsellehrgangs:

1. Wechseln eines Zehners in Einer (KV 42).
2. Wechseln eines Hunderters in Zehner (KV 43).
3. Wechseln eines Zehners in Einer und dann Wechseln eines Hunderters in Zehner (KV 44).
4. Wechseln eines Hunderters in Zehner und einen dieser Zehner in Einer wechseln (KV 45).
5. gemischte Übungen (KV 46–48)

Erarbeitung

Jede einzelne Wechselform (Phase 1 bis 4) wird in folgender didaktischer Reihenfolge erarbeitet:

- ❑ **konkrete Handlung:** Der Lehrer legt Beispielaufgaben mit Rechengeld an der Tafel, die Schüler ebenso in der Stellenwerttafel (KV 33).
- ❑ **bildliche Darstellung:** Je nach Phase wird Aufgabe 1 auf KV 42, 43, 44 oder 45 zeichnerisch gelöst.
- ❑ **symbolische Darstellung:** Die Aufgaben 2 und 3 der entsprechenden KV werden gelöst.

Auf jeder dieser Ebenen sind die Wechselvorgänge intensiv zu versprachlichen.

Anwendung

Die Trainingskarten 5, 6 und 7 (KV 46–48) werden als kleine Lerntheke angeboten. Die Kinder holen sich eine Karte und bearbeiten diese selbstständig. Je nach Bedarf können sie dabei Rechengeld zu Hilfe nehmen. Die Kontrolle erfolgt über die ebenfalls an der Theke ausgelegten Lösungskarten.

Name: ______________________ **KV 42**

Wechseltraining 1

1. Wechsle einen Zehner in zehn Einer!
   Zeichne ein!

Vor dem Wechseln			Nach dem Wechseln		
H	Z	E	H	Z	E
□□□ □□	||| || ||	●●●			

2. Wechsle immer einen Zehner in zehn Einer und notiere in der Stellenwerttabelle!

567
424
356
818

	H	Z	E	H	Z	E	H	Z	E	H	Z	E
vorher												
nachher												

Trage nur das Wechselergebnis ein!

132 579
783 953

H	Z	E	H	Z	E	H	Z	E	H	Z	E

Name: ______________________________ **KV 43**

Wechseltraining 2

1. Wechsle einen Hunderter in zehn Zehner!
   Zeichne ein!

Vor dem Wechseln			Nach dem Wechseln		
H	Z	E	H	Z	E
□□ □□	II II	●●●●● ●●●●			

2. Wechsle immer einen Hunderter in zehn Zehner und notiere in der Stellenwerttabelle!

895
905
456
238

	H	Z	E	H	Z	E	H	Z	E	H	Z	E
vorher												
nachher												

Trage nur das Wechselergebnis ein!

182 367
598 821

H	Z	E	H	Z	E	H	Z	E	H	Z	E

Name: ______________________________ **KV 44**

Wechseltraining 3

1. Wechsle einen Zehner in zehn Einer und einen Hunderter in zehn Zehner!
   Zeichne ein!

Vor dem Wechseln			Nach dem Wechseln		
H	Z	E	H	Z	E
□□□□ □□□□	III II	●●●●● ●●●●			

2. Wechsle immer einen Zehner in zehn Einer sowie einen Hunderter in zehn Zehner und notiere in der Stellenwerttabelle!

634
498
710
365

	H	Z	E	H	Z	E	H	Z	E	H	Z	E
vorher												
nachher												

Trage nur das Wechselergebnis ein!

741 328
434 569

H	Z	E	H	Z	E	H	Z	E	H	Z	E

Name: ____________________ **KV 45**

Wechseltraining 4

1. Wechsle einen Hunderter in zehn Zehner und von diesen gewechselten Zehnern einen in zehn Einer! Zeichne ein!

Vor dem Wechseln			Nach dem Wechseln		
H	Z	E	H	Z	E
□□□ □□□					

2. Wechsle einen Hunderter in zehn Zehner und von diesen gewechselten Zehnern einen in zehn Einer!

800
450
905
200

	H	Z	E	H	Z	E	H	Z	E	H	Z	E
vorher												
nachher												

Trage nur das Wechselergebnis ein!

343 534
764 842

H	Z	E	H	Z	E	H	Z	E	H	Z	E

Name: ____________________ **KV 46**

Wechseltraining 5

Finde heraus, welche Zahl vor dem Wechseln in der Stellenwerttabelle stand und notiere sie!

H	Z	E	H	Z	E	H	Z	E	H	Z	E
5	8	13	4	7	19	3	2	16	8	8	17

H	Z	E	H	Z	E	H	Z	E	H	Z	E
3	17	3	1	18	6	5	12	3	2	14	1

H	Z	E	H	Z	E	H	Z	E	H	Z	E
5	13	12	6	17	18	1	11	13	4	18	14

Name: ______________________ KV 47

Wechseltraining 6

Wechselstress! Wechsle um und notiere in der Stellenwerttabelle!

Wechsle einen Zehner in zehn Einer!			Wechsle einen Hunderter in zehn Zehner!			Wechsle einen Zehner in zehn Einer <u>und</u> einen Hunderter in zehn Zehner!			Wechsle einen Hunderter in zehn Zehner und von diesen gewechselten Zehnern einen in zehn Einer!		
895, 325, 369, 458, 945, 750			890, 369, 874 952, 367, 125			845, 638, 120 873, 965, 947			700, 250, 690 854, 632, 310		
H	Z	E	H	Z	E	H	Z	E	H	Z	E

Name: ______________________ KV 48

Wechseltraining 7

Wechsle zurück und verbinde mit der richtigen Ergebniszahl!

H	Z	E	H	Z	E	H	Z	E	H	Z	E	H	Z	E
2	18	22	2	58	69	2	63	54	2	45	87	2	8	88

849	528	619	737	402	687	368	974	884	752

H	Z	E	H	Z	E	H	Z	E	H	Z	E	H	Z	E
1	43	89	4	54	34		45	78	2	50	52	3	29	97

Lehrer-Info: Einführung der schriftlichen Subtraktion

Materialbedarf

- ❑ KV 49, S. 46 auf Folie kopieren
- ❑ Rechengeld für die Tafel und für die Kinder
- ❑ Stellenwerttafel KV 33, S. 32 auf DIN A3 vergrößert in Schülerzahl kopieren
- ❑ KV 50, S. 47 in Schülerzahl kopieren

Hinweise

- ❑ Die schriftliche Subtraktion erfolgt im Abziehverfahren. Da dieses den meisten Eltern unbekannt ist, sollten sie darüber informiert werden.
- ❑ Gegenüber dem Ergänzungsverfahren bietet das Abziehverfahren folgende Vorteile:
  - Es greift den Subtraktionsbegriff des Wegnehmens auf, welcher den Kindern aus der ersten und zweiten Klasse lange bekannt ist.
  - Es stellt gegenüber der Addition einen klaren Umkehrvorgang dar:
    zusammenzählen – wegnehmen
    bündeln – entbündeln

Hinführung

- ❑ **Stummer Impuls:** Der Lehrer zeigt auf Folie (KV 49) die gezeichnete Rechengeschichte.
- ❑ **UG:** Die Schüler beschreiben die Bilder und erkennen die Sachsituation. Sie erzählen die Geschichte zusammenhängend.
- ❑ **Finden der Rechenfrage:**
  Wie viel Geld hat Flipp noch? (TA 1, s. S. 46)
- ❑ **Finden der Rechnung:** 368 € – 225 € = (TA 2)
- ❑ **Zielangabe:** Die Aufgabe werden wir untereinander rechnen. Wir ziehen schriftlich ab! (TA 3)

Erarbeitung

- ❑ **Einzelarbeitsauftrag:** Zum schriftlichen Abziehen erhältst du eine Stellenwerttafel (KV 33). In die erste Zeile legst du 368 Euro mit deinem Rechengeld. – Der Lehrer legt die Zahl mit dem Rechengeld an der Tafel (TA 4).
- ❑ **Einführung des Rechenverfahrens:** Beim schriftlichen Abziehen beginnen wir immer mit den Einern: Nimm von den 8 Einern 5 weg und lege sie in die zweite Zeile. Die restlichen 3 Einer legst du unter den Rechenstrich. *8 Einer minus 5 Einer sind 3 Einer.* Dasselbe machst du mit den Zehnern: Nimm von den 6 Zehnern 2 weg und lege sie in die zweite Zeile. Die restlichen vier Zehner legst du unter den Rechenstrich. *6 Zehner minus 2 Zehner sind 4 Zehner.* Zum Schluss kommen die Hunderter dran: *3 Hunderter minus 2 Hunderter sind 1 Hunderter.* Nun kannst du das Ergebnis ablesen: Flipp hat noch 143 Euro (TA 5).
  Nun werden wir mit Zahlen rechnen: Legt noch einmal 368 Euro in eure Stellenwerttafel. Ich schreibe an der Tafel 368 in die erste Zeile (TA 6). In der zweiten Zeile seht ihr die Zahl, die abgezogen werden soll, also 225. Ich schreibe die Zahlen genau untereinander und setze das Minuszeichen vor die zweite Zahl! Darunter kommt der Rechenstrich! – Die Rechnung wird mit Zahlen ausgeführt. Die Kinder legen dazu erneut das Rechengeld und sprechen gemeinsam zu den Arbeitsschritten. Zur Vertiefung sprechen die Kinder die Aufgabe noch einmal.
- ❑ **Zusammenfassung:** TA 7

Anwendung

- ❑ Die Schüler üben mit dem Arbeitsblatt KV 50.

Weiterarbeit

- ❑ Aufgaben mit einem Übertrag: **einen Zehner wechseln**
- ❑ Aufgaben mit einem Übertrag: **einen Hunderter wechseln**
- ❑ Aufgaben mit zwei Überträgen: **einen Zehner und einen Hunderter wechseln**
- ❑ Aufgaben mit zwei Überträgen: **einen Hunderter in Zehner wechseln und davon gleich einen Zehner in Einer wechseln**

Sicherung

- ❑ **gemischte Aufgaben:** KV 51–54, S. 48–51:
  - Zahlen mit verschiedenen Stellenwerten
  - Zahlen mit einer oder mehreren Nullen
  - Platzhalteraufgaben KV 54, S. 51
- ❑ **Rechenspiel** „Zielzahl 350“:
  Lehrer-Info S. 52 und KV 55, S. 52
- ❑ **Diagnosebogen:** KV 56, S. 53
- ❑ **Lernzielkontrolle:** KV 57–59, S. 54–56

Vorschlag für ein Tafelbild

TA 1 F: Wie viel Geld hat Flipp noch?

TA 2 R: 368 € – 225 € =

TA 3 Wir ziehen schriftlich ab:

TA 4	H	Z	E
	(Lösen der Aufgabe mit Rechengeld)		
–			

←

TA 6	H	Z	E
	3	6	8
–	2	2	5
	1	4	3

↓ ←

TA 5 A: Flipp hat noch 143 €.

TA 7

So ziehe ich schriftlich ab:

1. Ich schreibe:
   Einer unter Einer
   Zehner unter Zehner
   Hunderter unter Hunderter
2. Ich denke an das Minuszeichen und den Rechenstrich.
3. Ich beginne beim Rechnen mit den Einern.
4. Ich ziehe immer von oben nach unten ab.

Name: ______________________________	KV 50

Abziehen (ohne Übertrag)

1. Ziehe ab!

	H	Z	E		H	Z	E		H	Z	E		H	Z	E		H	Z	E		H	Z	E
	8	5	6		9	8	4		4	5	3		4	8	7		8	5	7		9	5	1
−	7	4	2	−	8	5	3	−	1	4	2	−	3	5	7	−	1	2	5	−	7	1	0

	H	Z	E		H	Z	E		H	Z	E		H	Z	E		H	Z	E		H	Z	E
	9	6	5		7	5	8		3	9	8		6	7	3		9	5	4		7	5	8
−	8	4	2	−	3	4	2	−	1	5	4	−	2	5	2	−	8	4	2	−	6	4	2

	H	Z	E		H	Z	E		H	Z	E		H	Z	E		H	Z	E		H	Z	E
	9	8	7		5	6	4		5	8	6		6	5	4		8	5	4		6	9	8
−	8	4	6	−	4	5	1	−	4	2	3	−	4	2	1	−	7	2	1	−	5	4	3

Lösungen:
112
113
114
116
123
130
131
133
141
155
163
233
241
244
311
416
421
732

2. Trage in die Stellenwerttafel ein und ziehe ab!

a) 954 − 632 = ______
852 − 631 = ______
598 − 473 = ______
436 − 124 = ______
837 − 625 = ______
934 − 823 = ______

b) 870 − 450 = ______
807 − 403 = ______
800 − 300 = ______
905 − 602 = ______
704 − 302 = ______
909 − 608 = ______

c) 897 − 3 = ______
785 − 12 = ______
721 − 121 = ______
983 − 52 = ______
754 − 2 = ______
658 − 47 = ______

a)

	H	Z	E		H	Z	E		H	Z	E		H	Z	E		H	Z	E		H	Z	E
−				−				−				−				−				−			

b)

	H	Z	E		H	Z	E		H	Z	E		H	Z	E		H	Z	E		H	Z	E
−				−				−				−				−				−			

c)

	H	Z	E		H	Z	E		H	Z	E		H	Z	E		H	Z	E		H	Z	E
−				−				−				−				−				−			

Lösungen:
111
125
212
221
301
303
312
322
402
404
420
500
600
611
752
773
894
931

Name: ______________________ **KV 51**

Abziehen (mit Wechseln)

1. Wechsle beim Abziehen den Zehner!

896 − 458	547 − 328	651 − 527	357 − 129	567 − 249	885 − 19
852 − 233	348 − 139	544 − 136	356 − 247	541 − 114	754 − 546

Lösungen: 109, 124, 208, 209, 219, 228, 318, 408, 427, 438, 619, 866

2. Wechsle beim Abziehen den Hunderter!

865 − 573	247 − 182	357 − 162	524 − 351	136 − 75	479 − 281
238 − 154	577 − 395	347 − 173	581 − 390	237 − 146	864 − 283

Lösungen: 61, 65, 84, 91, 173, 174, 182, 191, 195, 198, 292, 581

3. Wechsle einen Hunderter in zehn Zehner und von diesen gewechselten Zehnern einen in zehn Einer!

805 − 236	407 − 158	304 − 175	104 − 75	207 − 198	203 − 65
705 − 487	508 − 359	307 − 148	301 − 143	308 − 159	601 − 345

Lösungen: 9, 29, 129, 138, 148, 149, 158, 159, 218, 249, 256, 569

4. Vorsicht, Null!

700 − 289	608 − 309	405 − 270	200 − 170	650 − 309	540 − 207

Lösungen: 30, 135, 299, 333, 341, 411

Name:	KV 52

Abziehen

1. Es sind 6 Aufgaben falsch gerechnet. Finde diese Aufgaben und rechne sie richtig!

856	458	504	712	835	850
− 493	− 195	− 199	− 458	− 564	− 468
363	263	305	264	271	382

520	185	351	725	458	800
− 378	− 98	− 283	− 458	− 389	− 527
142	187	68	267	169	373

804	503	250	153	984	647
− 759	− 356	− 194	− 78	− 458	− 567
45	148	56	75	436	80

−	−	−	−	−	−

2. Ziehe benachbarte Zahlen voneinander ab und schreibe das Ergebnis darunter! Rechne so bis zum letzten Feld!

750	397	183	75	48

750	397	
− 397	−	−

−	−	−

−	−	−

−	−	−

Name: ________________________________	KV 53

Minus-TÜV

1. Rechne aus!

567 − 234	789 − 352	578 − 43	409 − 203	765 − 303	784 − 227
583 − 92	550 − 327	642 − 204	832 − 458	753 − 78	805 − 279
345 − 115	467 − 63	740 − 288	452 − 103	753 − 367	267 − 189

Lösungen:
78, 206
223, 230
333, 349
374, 386
404, 437
438, 452
462, 491
526, 535
557, 675

2. Schreibe untereinander und rechne aus!

678 − 289	406 − 78	900 − 378	764 − 309	674 − 89	702 − 309

Lösungen:
328, 389
393, 455
522, 585

3. Streiche den Fehler an und ordne den passenden Rechentipp zu! Rechne richtig!

Falsch: → **So ist es richtig!**

	4	9	15
	~~5~~	~~0~~	5
−	2	3	8
	2	5	6

Rechentipp:
\+ und − nicht verwechseln!

	6	7	3
−	1	4	3
	1		
	8	1	6

Rechentipp:
Wechseln nicht vergessen!

	5	6	8
−	2	0	3
	3	0	5

Rechentipp:
Minusaufgaben bis 20 üben!

		9	15
	5	~~0~~	5
−	2	6	8
	3	3	7

Rechentipp:
Vorsicht, Null!

Name: ____________________ **KV 54**

Minus-Profis

1. Finde die fehlenden Ziffern!

		4	
−	3	4	5
	2		3

	8		9
−	2	4	6
		3	

	9		1
−	2	4	8
		3	

	8		0
−	1	7	9
	6	2	

	7	5	8
−			
	2	5	9

		0	1
−	2		3
	3	6	

		3	7
−	3		9
	3	2	

		0	1
−	2		9
	3	0	

−	5	4	9
	3	7	0

	8		0
−		2	8
	3	7	

		1	5
−	3		9
	5	2	

		1	
−	3	7	9
	2		0

−	4	5	3
	2	0	1

	8		1
−		3	4
	4	7	

	6	4	
−			0
	4	7	8

	7	9	0
−			8
	2	3	

		0	
−	2		2
	6	9	6

	8	0	
−	2	5	8
			0

2. Wie heißt die Zahl? Unterstreiche die gesuchte Zahl immer grün!
   a) Wenn ich von meiner Zahl 456 abziehe, bleibt 348 übrig.
   b) Die Summe von 568 und meiner Zahl ist 899.
   c) Nimm von meiner Zahl 254 weg, zähle das Doppelte von 279 dazu und du erhältst 846.
   d) Wenn ich von meiner Zahl das Dreifache von 197 abziehe, das Ergebnis halbiere und dann 234 dazu zähle, erhalte ich 433.

a) b)

c) d)

3. Flipp wechselt etwas umständlich. Schreibe deinen Rechentipp auf!

		9	
	3	~~10~~	15
	4	0	~~5~~
−	2	7	9
	1	2	6

____

____

____

Lehrer-Info: Rechenspiel: „Zielzahl 350“

Materialbedarf

- KV 55 (siehe unten) in Schülerzahl kopieren
- pro (Partner-)Gruppe ein Würfel

Spielverlauf

Ein Schüler würfelt insgesamt 6-mal hintereinander. Nach jedem Wurf entscheidet jeder Spieler für sich, an welcher Stelle in der Stellenwerttafel er die geworfene Zahl einträgt.
Dabei ist besonders darauf zu achten, dass die obere Zahl die größere ist.
Wurde 6-mal gewürfelt, subtrahiert jedes Kind seine beiden Zahlen.
Gewonnen hat der Spieler, der so nah wie möglich an 350 Punkten ist.
Beispiel:
Gewürfelte Zahlen: 3, 4, 5, 6, 1, 2

Flipp

	6	2	3
–	4	1	5
	2	0	8

Flo

	5	6	4
–	2	1	3
	3	5	1

Flo hat gewonnen, da sie am nächsten an 350 Punkten ist.

Name: ____________________ KV 55

Zielzahl 350

–			

–			

–			

–			

–			

–			

Name: ______________________ KV 56

Diagnosebogen: Schriftliche Subtraktion

a) 789 − 356

b) 609 − 406

c) 673 − 202

d) 778 − 46

e) 672 − 327

f) 660 − 218

g) 662 − 303

h) 782 − 37

i) 765 − 387

j) 406 − 248

k) 802 − 508

l) 635 − 78

m) 598 − 268

n) 790 − 288

o) 912 − 606

p) 869 − 64

Lehrer-Auswertung:

Die unten stehende Tabelle hilft bei der Auswertung des Diagnosebogens und ermöglicht auf diese Weise die Feststellung der Fehlerschwerpunkte. Eine gezielte fehlerbezogene Förderung wird dadurch erleichtert.

	dreistellig ohne 0	0 im Minuend	0 im Subtrahend	unterschiedliche Stellenwerte
ohne Übergang	a)	b)	c)	d)
1 Übergang	e)	f)	g)	h)
2 Übergänge	i)	j)	k)	l)
0 im Ergebnis	m)	n)	o)	p)

✓ Aufgabe richtig gelöst

✗ Fehler

Name: ______________________________ KV 57

Mathematik-Probearbeit am ____________

1. Schreibe untereinander und zähle zusammen! /3 P.

749 + 108	289 + 339	592 + 39	36 + 413 + 408	76 + 398 + 360	93 + 384 + 151

2. Schreibe untereinander und ziehe ab! /3 P.

661 − 138	432 − 304	651 − 167	608 − 459	901 − 405	913 − 36

3. Nebeneinander stehende Zahlen wurden zusammengezählt. Das Ergebnis steht darüber. Finde die fehlenden Zahlen und trage sie ein! /5 P.

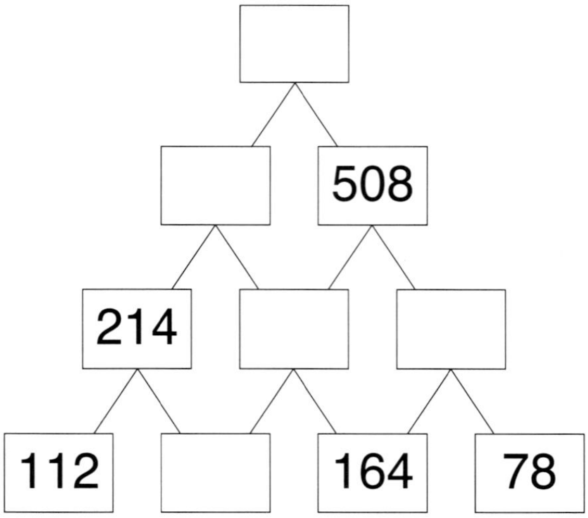

Name:	KV 58

4. Schreibe mit Komma! /3 P.

256 Ct = €	170 Ct = €	67 Ct = €
6 Ct = €	600 Ct = €	1265 Ct = €

5. Zähle zusammen! /4,5 P.

3,52 € + 0,96 € + 5,67 €   19,06 € + 5,36 € + 0,77 €   13,90 € + 15,75 € + 79 Ct

6. Ziehe ab! /4,5 P.

85,44 € − 32,46 €   182,57 € − 128,45 €   13 € 47 Ct − 97 Ct

7. Große Zahlen? Du kannst es trotzdem rechnen! /2 P.

	8	4	5	6	9	7	0	9					4	5	3	2	1	7	0	8
−	7	2	2	2	4	0	3	1				+	5	3	4	4	3	7	2	4

Name: ______________________________ | **KV 59**

8. Bestimme die fehlenden Ziffern! Manchmal geht es sogar über 1000! /4 P.

		4	1
+	1	2	
	4		3

		5	5
+	3		3
	9	6	

		6	
+	1	2	8
+	2		5
	9	3	2

	1	8	
+	3	6	7
+		9	0
1	1		2

Achte auf das Rechenzeichen!

		8	9
−	2		6
	5	5	

−	5	8	7
	3	6	9

	8		6
−	4	9	8
		2	

		5	
−	4		7
	2	3	1

9. Familie Wanderfroh kehrt am Sonntag in ein Gasthaus ein.

Tageskarte

Salate:	
Gemischter Salat	3,70 €
Italienischer Salat	4,90 €
Art des Hauses	5,70 €
Kleine Gerichte:	
Schaschlik	3,50 €
Pommes	1,80 €
Würstchen mit Pommes	4,20 €
Getränke:	
Mineralwasser	1,70 €
Apfelsaft	1,90 €
Orangensaft	1,90 €
Limo	1,80 €

a) Andi bestellt 1 Mineralwasser und 1 Schaschlik mit Pommes. Wie hoch ist seine Rechnung? /3 P.

b) Veronika war hungrig und hat einen gemischten Salat und einmal Würstchen mit Pommes gegessen sowie eine Limo und einen Apfelsaft getrunken. Sie bezahlt mit einem 20-Euro-Schein und bekommt 8 Euro zurück. Wie viel Trinkgeld hat sie gegeben? /5 P.

Du hast ________ von 37 Punkten erreicht. Note:

Unterschrift: ______________________________

Lehrer-Info: Stationentraining zur Multiplikation und Division mit Zehnerzahlen

Materialbedarf

Das Material ist so ausgelegt, dass an sieben Stationen je vier Kinder parallel arbeiten können.

- KV 60, S. 58 1-mal auf Folie kopieren
- Laufzettel KV 68, S. 62 in Schülerzahl kopieren
- Stationenkarten KV 61–67, S. 59–62 je 4-mal kopieren und laminieren (Tipp: Für jede Insel andersfarbiges Papier verwenden.)
- jeweils zwei Lösungskarten zu KV 61–67

Erläuterungen zum Training

- **Das Ziel** dieses Stationentrainings ist die Automatisierung der Multiplikation und Division mit Zehnerzahlen. Es bietet sich zur Sicherung am Ende der Unterrichtssequenz an.
- Die Stationen bieten den Kindern unterschiedlich strukturiertes **Material** an, mit dem sie sich in wechselnden Arbeitsformen auseinander setzen. Die Aufgaben werden ins Heft gerechnet.
- Die **Selbstkontrolle** erfolgt über die an jeder Station ausgelegten Lösungskarten oder mit Hilfe eines Partners.
- Wichtig ist, dass anfangs alle Stationen mit Hilfe des Folienbildes KV 60 vorgestellt werden. Der Arbeitsauftrag und das benötigte Material werden jeweils genau erläutert.
- Die Regeln zur Durchführung des Trainings werden festgelegt. Wir empfehlen die Durchführung als **offenes Stationentraining:** Jedes Kind beginnt an seinem Gruppentisch und rechnet so lange, bis es alle Aufgaben gelöst und kontrolliert hat. Dann wird die Station als erledigt auf dem Laufzettel (KV 68) abgehakt. Nun sucht sich das Kind selbstständig einen freien Platz an einer anderen Station und arbeitet weiter. Zusatzmaterial für schnelle Rechner muss zur Verfügung stehen. Vorteil dieser Methode ist das hohe Maß an Individualisierung bei gleichzeitig hohem Anspruch an die Selbstständigkeit und die Sozialkompetenz.

Erläuterungen zu den Stationen

- **Insel 1** – Platzhalteraufgaben
- **Insel 2** – Teilaufgaben ohne/mit Rest
- **Insel 3** – Zusammengesetzte Aufgaben: Die Schüler wenden die Punkt-vor-Strich-Regel an.
- **Insel 4** – Aufgaben finden: Zu vorgegebenen Lösungszahlen finden die Kinder Aufgaben.
  Beispiel: $240 = 1 \cdot 240$; $240 = 240 \cdot 1$
  $240 = 10 \cdot 24$; $240 = 24 \cdot 10$
  $240 = 2 \cdot 120$; $240 = 120 \cdot 2$
  $240 = 20 \cdot 12$; $240 = 12 \cdot 20$
  $240 = 3 \cdot 80$; $240 = 80 \cdot 3$
  $240 = 30 \cdot 8$; $240 = 8 \cdot 30$
  $240 = 4 \cdot 60$; $240 = 60 \cdot 4$
  $240 = 40 \cdot 6$; $240 = 6 \cdot 40$
  Aufgrund der vielen Lösungsmöglichkeiten ist es sinnvoll, weitere Aufgaben auf die Rückseite der Lösungskarte zu schreiben.
- **Insel 5** – Malaufgaben und auf 1000 ergänzen
- **Insel 6** – Ergebnisvergleich: >, <, = einsetzen
- **Insel 7** – Zusammengesetzte Aufgaben: Die Schüler wenden die Punkt-vor-Strich-Regel an. Diese Aufgaben sind sehr komplex und daher recht anspruchsvoll.

Durchführung

- **Rahmenerzählung:** Der Lehrer legt die Folie KV 60 auf und erzählt, dass Flipp und Flo mit ihrem Boot eine Inselrundfahrt unternehmen. Auf jeder Insel haben sie unterschiedliche Aufgaben zu lösen.
- Die einzelnen Stationen werden vorgestellt.
- Der organisatorische Ablauf wird geklärt. (siehe oben: offenes Stationentraining)
- Die Schüler arbeiten im Stationenbetrieb.

Weiterarbeit

- **Impuls:** Der Lehrer ergänzt auf der Folie KV 60 die Entfernungen zwischen den Inseln wie folgt:
  Insel 1 → 2: 10 km; Insel 2 → 3: 10 km
  Insel 3 → 4: 30 km; Insel 4 → 5: 20 km
  Insel 5 → 6: 30 km; Insel 6 → 7: 20 km
  Insel 7 → 1: 20 km;
- **UG:** Die Kinder überlegen, wie viele Kilometer Flipp und Flo insgesamt gereist sind. Sie addieren die sieben Kilometerangaben.
- **Impuls:** Es gibt eine schnellere Rechnung.
- **UG:** Die Kinder fassen gleiche Strecken zusammen: $2 \cdot 10$ km $+ 3 \cdot 20$ km $+ 2 \cdot 30$ km =

Folienbild zum Stationentraining

KV 60

Insel-Stationentraining

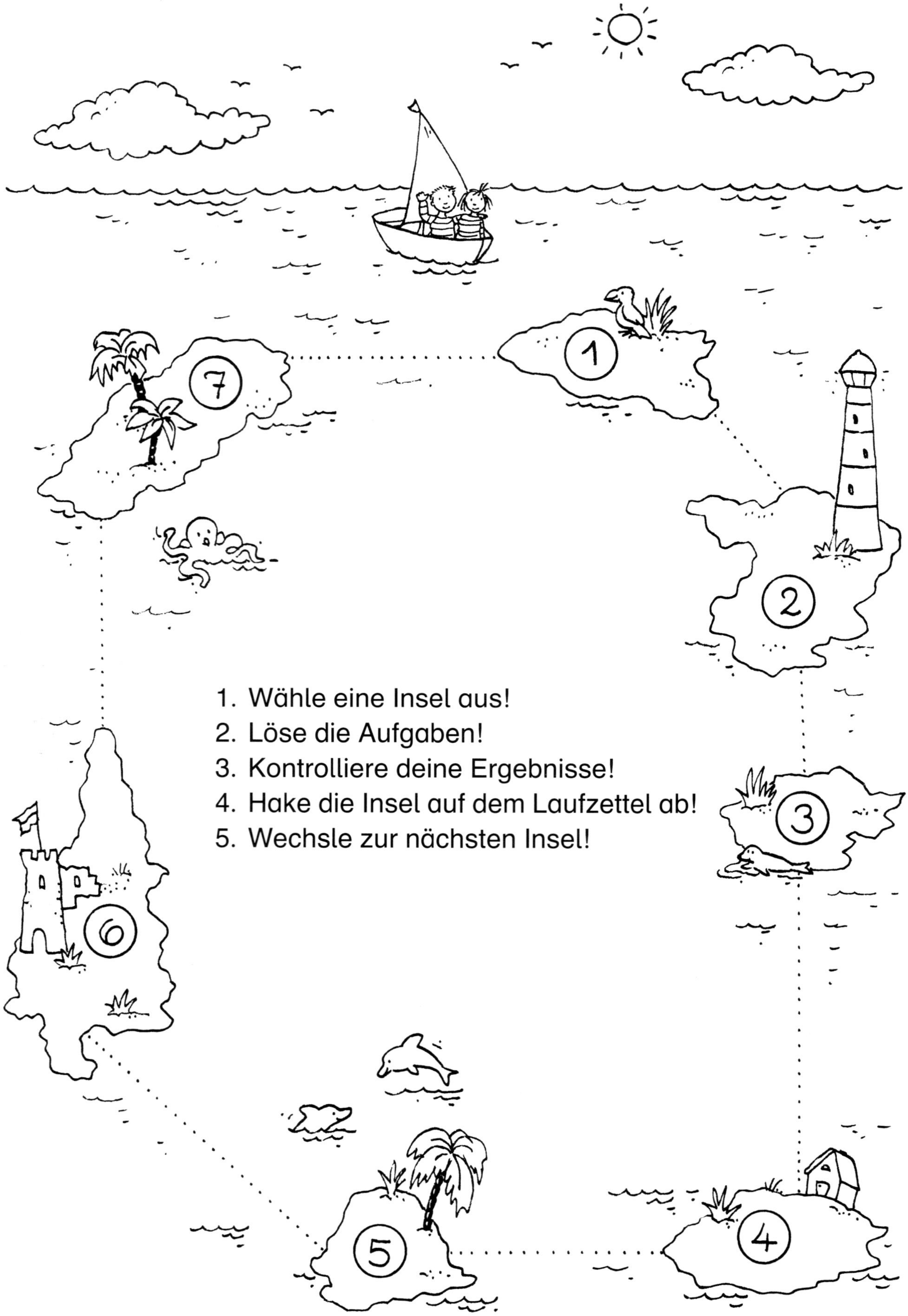

1. Wähle eine Insel aus!
2. Löse die Aufgaben!
3. Kontrolliere deine Ergebnisse!
4. Hake die Insel auf dem Laufzettel ab!
5. Wechsle zur nächsten Insel!

Station 1 — KV 61

Insel 1
(Platzhalteraufgaben)

Auftrag:
Rechne die Aufgaben in deinem Heft, vergleiche dann deine Ergebnisse mit der Kontrollkarte!

180 = 60 ·
360 = 90 ·
500 = 50 ·
270 = 90 ·
400 = 50 ·
150 = 30 ·
240 = 80 ·

350 = 5 ·
160 = 2 ·
640 = · 80
450 = 9 ·
810 = 9 ·
240 = · 60
120 = · 40

Station 2 — KV 62

Insel 2
(Teilaufgaben ohne und mit Rest)

Auftrag:
Rechne die Aufgaben in deinem Heft, vergleiche dann deine Ergebnisse mit der Kontrollkarte!

200 : 40 =
490 : 70 =
720 : 80 =
400 : 8 =
120 : 3 =
320 : 4 =
270 : 9 =
480 : 8 =

820 : 90 =
190 : 30 =
220 : 7 =
560 : 70 =
200 : 3 =
580 : 80 =
350 : 60 =
280 : 7 =

Station 3	KV 63

Insel 3

(Zusammengesetzte Aufgaben: Punkt-vor-Strich-Rechnungen)

Auftrag:
Rechne die Aufgaben in deinem Heft, vergleiche dann deine Ergebnisse mit der Kontrollkarte!

Rechne so: $4 \cdot 40 + 15 =$
$160 + 15 = 175$

$7 \cdot 70 + 13 =$
$8 \cdot 30 + 240 =$
$6 \cdot 20 + 350 =$
$5 \cdot 90 - 37 =$
$9 \cdot 40 - 78 =$
$3 \cdot 50 - 46 =$

$40 \cdot 7 - 122 =$
$70 \cdot 9 - 289 =$
$80 \cdot 8 - 358 =$
$6 \cdot 70 + 356 =$
$8 \cdot 90 + 36 =$
$20 \cdot 9 + 456 =$

Station 4	KV 64

Insel 4

(Aufgaben finden)

Auftrag:
Finde zu den vorgegebenen Zahlen jeweils mindestens vier Malaufgaben und rechne sie in deinem Heft!
Vergleiche deine gefundenen Aufgaben mit einem Partner oder der Kontrollkarte!

240 = ·
240 = ·
240 = ·
240 = ·

320 = ·
320 = ·
320 = ·
320 = ·

360 = ·
360 = ·
360 = ·
360 = ·

180 = ·
180 = ·
180 = ·
180 = ·

Station 5 | KV 65

Insel 5

(Malaufgaben und auf 1000 ergänzen)

Auftrag:
Rechne die Aufgaben in deinem Heft, vergleiche dann deine Ergebnisse mit der Kontrollkarte!

Schreibe so: 4 · 30 + ______ = 1000
120 + 880 = 1000

7 · 80 +		= 1000
6 · 60 +		= 1000
9 · 80 +		= 1000
4 · 90 +		= 1000
3 · 70 +		= 1000
5 · 30 +		= 1000
8 · 50 +		= 1000

9 · 30 +		= 1000
7 · 40 +		= 1000
20 · 9 +		= 1000
60 · 7 +		= 1000
7 · 50 +		= 1000
6 · 80 +		= 1000
4 · 20 +		= 1000

Station 6 | KV 66

Insel 6

(>, <, = einsetzen)

Auftrag:
Rechne die Aufgaben in deinem Heft und setze dabei das richtige Zeichen (>, <, =) ein! Vergleiche dann deine Ergebnisse mit der Kontrollkarte!

Rechne so: 540 : 6 > 180 : 120
90 > 9

270 : 30	300 : 10
350 : 50	320 : 40
720 : 80	810 : 90
280 : 70	160 : 40
360 : 6	420 : 70

810 : 9	500 : 10
560 : 8	90 : 3
450 : 9	150 : 3
160 : 20	250 : 5
180 : 30	300 : 50

Station 7 | KV 67

Insel 7

(Zusammengesetzte Aufgaben: Mal- und Geteiltaufgaben, Punkt-vor-Strich-Rechnungen)

Auftrag:
Rechne die Aufgaben in deinem Heft, vergleiche dann deine Ergebnisse mit der Kontrollkarte!

4 · 30 + 420 : 70 =
120 + 6 = 126

4 · 40 + 240 : 60 =	30 · 9 + 640 : 8 =
6 · 30 + 270 : 90 =	20 · 10 + 800 : 10 =
7 · 20 + 350 : 5 =	90 · 9 − 630 : 70 =
9 · 10 + 720 : 8 =	7 · 80 − 210 : 7 =
8 · 90 + 100 : 20 =	80 · 8 − 400 : 8 =
5 · 70 + 210 : 7 =	8 · 30 + 300 : 50 =
2 · 20 + 360 : 60 =	6 · 70 − 810 : 90 =
3 · 40 + 560 : 8 =	70 · 7 − 450 : 5 =

Name: ______________________ | KV 68

Laufzettel

Wenn du alle Aufgaben einer Insel bearbeitet und korrigiert hast, wird die Insel abgehakt. Suche dir dann eine neue Insel!

Station	Kontrolle
Insel 1: (Platzhalteraufgaben)	
Insel 2: (Teilaufgaben ohne und mit Rest)	
Insel 3: (Zusammengesetzte Aufgaben: Punkt-vor-Strich-Rechnungen)	
Insel 4: (Aufgaben finden)	
Insel 5: (Malaufgaben und auf 1000 ergänzen)	
Insel 6: (>, <, = einsetzen)	
Insel 7: (Zusammengesetzte Aufgaben: Mal- und Geteiltaufgaben, Punkt-vor-Strich-Rechnungen)	

Lehrer-Info:

Rechenkonferenz zur Multiplikation und Division mit Zehnerzahlen

Materialbedarf

Die Klasse wird in sechs Gruppen aufgeteilt. Die Gruppenstärke ist variabel. Soll eine andere Gruppenanzahl entstehen, sind entsprechend weniger oder mehr Aufgaben anzubieten.

- ❑ KV 69, S. 64, 6-mal kopieren
- ❑ KV 70, S. 64, 6-mal auf DIN A4 vergrößert kopieren. Unter der Lupe jeweils eine der folgenden fehlerhaften Aufgaben eintragen:

100 · 2 = 50	240 : 3 = 8
60 · 2 = 12	350 : 70 = 50
7 · 60 = 560	120 : 3 = 360

- ❑ Aufgabenkarten mit den fehlerhaften Aufgaben für das Tafelbild (TA 2)
- ❑ KV 71, S. 65, 3-mal auf DIN A3 vergrößern und auf rotes Papier kopieren. Eine Kopie als Lösungshilfe verdeckt an einer Seitentafel anbringen. Aus den beiden anderen Kopien Wortkarten für das Tafelbild (TA 2) schneiden.
- ❑ KV 72, S. 66, 3-mal auf DIN A3 vergrößern und auf grünes Papier kopieren. Eine Kopie als Lösungshilfe verdeckt an einer Seitentafel anbringen. Aus den beiden anderen Kopien Wortkarten für das Tafelbild (TA 2) schneiden.
- ❑ Die Schüler brauchen ein Blatt Papier.

Hinweise

Im Rahmen einer Gesamtwiederholung zur Multiplikation und Division mit Zehnerzahlen halten die Kinder eine Rechenkonferenz ab. Die Gruppenarbeit gliedert sich dabei in folgende Phasen:

- den Fehler in der Aufgabe entdecken
- den Fehler versprachlichen
- einen passenden Rechentipp abgeben.

Hinführung

- ❑ **Impuls:** Der Lehrer schreibt Rechenkonferenz (TA 1) an die Tafel.
- ❑ **UG:** Die Kinder bringen ihr Vorwissen ein und stellen Vermutungen über den Begriff an.
- ❑ **Lehrerinformation:** Ihr werdet heute in Gruppen über Rechenfehler konferieren: Ihr sollt einen Fehler finden und ihn genau beschreiben. Dann überlegt ihr euch einen Rechentipp für das Kind, das diesen Fehler gemacht hat.

Durchführung

- ❑ **Gruppenarbeit:** Jedes Kind braucht ein Blatt Papier und einen Stift. Die Klasse wird in sechs Gruppen aufgeteilt. Jede Gruppe erhält einen Gruppenarbeitsauftrag KV 69 und das Aufgabenblatt KV 70 mit einer fehlerhaften Aufgabe. Der Auftrag wird vom Gruppensprecher vorgelesen und anschließend ausgeführt. Bei Bedarf nutzen die Schüler die Lösungshilfen KV 71 und 72, die rückwärtig an den Seitentafeln hängen.
- ❑ **Auswertung:** Die Gruppensprecher beschreiben den gefundenen Fehler und stellen den Rechentipp vor. Der Lehrer sammelt die Ergebnisse mit Hilfe der Wortkarten an der Tafel (TA 2). Die Karten können auch durch individuelle Formulierungen der Kinder ersetzt werden.
- ❑ **Impuls:** Manche Tipps sind sich ähnlich.
- ❑ **UG:** Die Schüler entdecken die drei „Haupt-Tipps“ (vgl. KV 72) und versprachlichen noch einmal intensiv, worauf beim Multiplizieren und Dividieren mit Zehnerzahlen zu achten ist.

Vorschlag für ein Tafelbild

TA 1 Rechenkonferenz

TA 2 →

Aufgabe:	Fehler:	Rechentipp:
100 · 2 = 50	· und : verwechselt	Beachte das Rechenzeichen!
60 · 2 = 12	Null nicht „angehängt“	Beachte die Stellenwerte!
7 · 60 = 560	Einmaleins nicht geübt	Übe das Einmaleins!
240 : 3 = 8	Null nicht „angehängt“	Beachte die Stellenwerte!
350 : 70 = 50	eine Null zu wenig „weggedacht“	Beachte die Stellenwerte!
120 : 3 = 360	· und : verwechselt	Beachte das Rechenzeichen!

Rechenkonferenz: Gruppenarbeitsauftrag | KV 69

1. Bestimmt einen, der vorliest, einen, der schreibt und einen, der später euer Ergebnis vorstellt!
2. Jeder rechnet die Aufgabe alleine auf seinem Blatt.
3. Vergleicht nun eure Ergebnisse in der Gruppe mit dem Ergebnis auf dem Aufgabenblatt!
4. Findet den Fehler und beschreibt ihn! Notiert die beste Beschreibung auf dem Aufgabenblatt!
5. Überlegt gemeinsam einen Rechentipp für das Kind, das den Fehler gemacht hat! Schreibt den Tipp auf das Aufgabenblatt!

Für schnelle Gruppen:
Schreibt Aufgaben, bei denen euer Rechentipp helfen kann, auf die Rückseite des Aufgabenblattes!

Aufgabenblatt zur Gruppenarbeit | KV 70

Rechenfehler unter der Lupe

So beschreiben wir den FEHLER:

____

____

____

____

So heißt unser RECHENTIPP:

____

____

____

____

• und : verwechselt

Einmaleins nicht geübt

Null nicht „angehängt"

eine Null zu wenig „weggedacht"

Lösungshilfe zur Gruppenarbeit: Rechentipps	KV 72

Übe das Einmaleins!

Beachte die Stellenwerte!

Beachte das Rechenzeichen!

Name: ______________________ KV 73

Berechnen und Umrechnen von Geldangaben

1. Ergänze auf einen Euro!

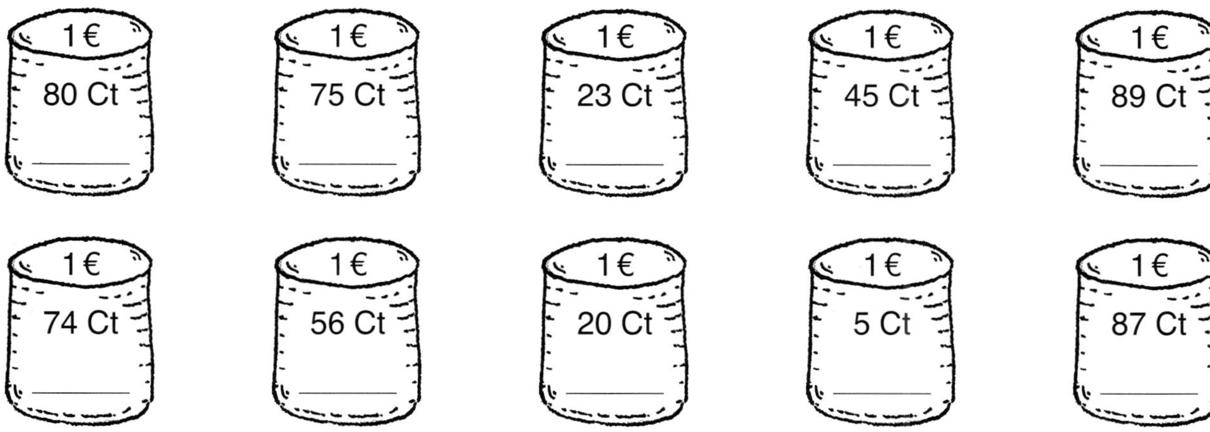

2. Ergänze die Tabelle! Kreuze an oder berechne den Geldbetrag!

	50 €	20 €	10 €	5 €	2 €	1 €	50 Ct	20 Ct	10 Ct	5 Ct	2 Ct	1 Ct
23,52 €		x			x	x	x				x	
37,52 €												
20,02 €												
56,87 €												
	x		x		x	x			x	x		x
		x		x	x					x		
	x		x		x		x			x	x	
		x				x			x		x	
	x	x			x		x	x				
				x								x

3. Rechne um!

a) 1 € = _______ Ct
3 € = _______ Ct
5 € = _______ Ct
8 € = _______ Ct
10 € = _______ Ct

b) 2,00 € = _______ Ct
1,25 € = _______ Ct
5,20 € = _______ Ct
8,90 € = _______ Ct
6,02 € = _______ Ct

c) 0,02 € = _______ Ct
0,20 € = _______ Ct
0,05 € = _______ Ct
10,20 € = _______ Ct
5,05 € = _______ Ct

d) 100 Ct = _______ €
200 Ct = _______ €
800 Ct = _______ €
700 Ct = _______ €
600 Ct = _______ €

e) 850 Ct = _______ €
730 Ct = _______ €
420 Ct = _______ €
895 Ct = _______ €
532 Ct = _______ €

f) 2 Ct = _______ €
50 Ct = _______ €
602 Ct = _______ €
60 Ct = _______ €
8 Ct = _______ €

Berechnen und Umrechnen von Gewichtsangaben

1. Ergänze auf ein Kilogramm!

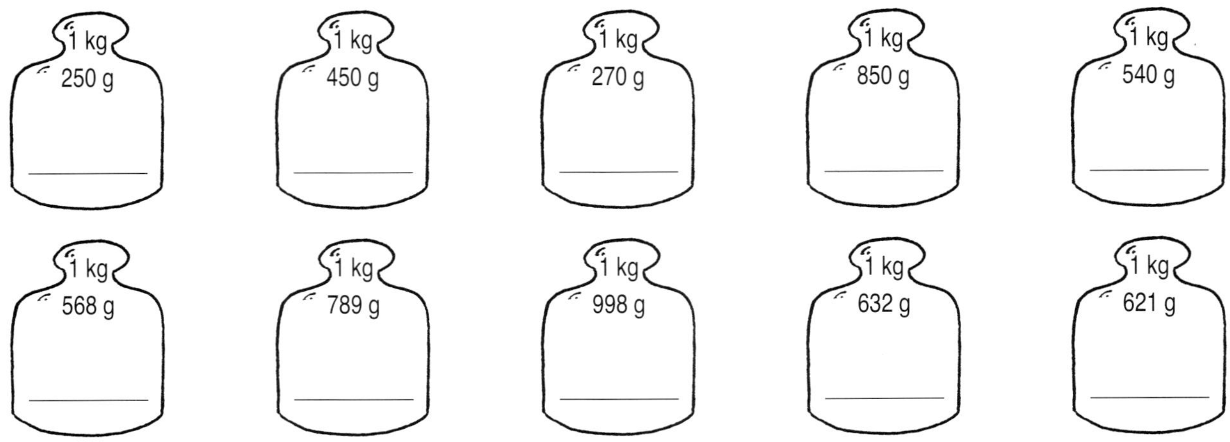

2. Setze das passende Zeichen ein: < > =

a) 425 g ◯ 625 g
904 g ◯ 457 g
563 g ◯ 560 g
201 g ◯ 210 g

b) 456 g ◯ 465 kg
574 g ◯ 574 kg
120 g ◯ 102 g
897 g ◯ 987 kg

c) 1 g ◯ 1 kg
500 g ◯ 5 kg
1 kg ◯ 1000 g
564 g ◯ 546 g

3. Ergänze die Tabelle! Kreuze an oder berechne das Gesamtgewicht!

	1 kg	500 g	200 g	100 g	50 g	20 g	10 g	5 g	2 g	1 g
1725 g	x	x	x			x		x		
1878 g										
1057 g										
			x	x	x		x	x	x	
		x		x	x		x	x		x

4. Lebensmittel löffelweise: Berechne jeweils den Unterschied zwischen einem gestrichenen und einem gehäuften Esslöffel!

Lebensmittel	(gestrichen)	(gehäuft)	Unterschied
Quark	20 g	30 g	
Butter, Margarine	16 g	27 g	
Senf, Ketchup	14 g	23 g	
Kakao	5 g	8 g	
Salz	10 g	20 g	
Zucker	15 g	25 g	
Reis, Nudeln	10 g	15 g	
Honig	14 g	25 g	

Name:	KV 75

Für Rechenprofis und Küchenchefs

Als Faustregel für ein Menü rechnet man pro Gast verschiedene Speisen mit einem Gesamtgewicht von etwa 500 g.
Welche Speisen kannst du als Gast wählen, wenn du ungefähr 500 g isst?
Kreuze an und rechne!

Essensmöglichkeiten		1	2	3	4	5	6	7	8	9
Suppe:	als Vorspeise 1/4 l (= 250 g), mit etwa 30 g Brot dazu	x								
Blattsalat:	30 g	x								
Gemüse- und Eiersalat:	40 g									
Kartoffelsalat:	110 g									
Fisch:	als Vorspeise 50 g	x								
	als Hauptgericht 150 g									
Geflügel:	120 g									
Fleisch:	150 g									
Sauce:	30 g (etwa 2 Esslöffel)	x								
Gemüse und Kartoffeln als Beilage:	120 g									
Nudeln:	70 g									
Reis:	40 g									
Käse:	auf einem Buffet etwa 50 g, als Dessert 100 g									
Brot:	50 g	x								
Dessert:	etwa 100 g									
	Insgesamt:	530 g								

Name: ________________________________ **KV 76**

Vorsicht, Kommazahlen!

1. Rechne um!

a)	b)	c)
1000 g = 1,0 kg	456 g = ______ kg	810 g = ______ kg
500 g = 0,5 kg	223 g = ______ kg	502 g = ______ kg
800 g = ______ kg	698 g = ______ kg	89 g = ______ kg
700 g = ______ kg	325 g = ______ kg	201 g = ______ kg
750 g = ______ kg	891 g = ______ kg	23 g = ______ kg

d)	e)	f)
2 kg = ______ g	0,012 kg = ______ g	1002 g = ______ kg
1,235 kg = ______ g	0,002 kg = ______ g	5023 g = ______ kg
2,036 kg = ______ g	2,365 kg = ______ g	20 g = ______ kg
1,002 kg = ______ g	0,503 kg = ______ g	5 g = ______ kg
0,02 kg = ______ g	8,026 kg = ______ g	301 g = ______ kg

2. „Schwere“ Aufgaben: Ergänze die Lücken!

a)	b)
2 t 350 kg = 2,35 t = 2350 kg	1 t 20 kg = ______ t = ______ kg
4 t 234 kg = ______ t = ______ kg	1 t 2 kg = ______ t = ______ kg
1 t 200 kg = ______ t = ______ kg	3 t 582 kg = ______ t = ______ kg
2 t 678 kg = ______ t = ______ kg	5 t 200 kg = ______ t = ______ kg
3 t 500 kg = ______ t = ______ kg	7 t 852 kg = ______ t = ______ kg

c)	d)
3 t 60 kg = 3,06 t = 3060 kg	2 t 200 kg = ______ t = ______ kg
5 t 250 kg = ______ t = ______ kg	4 t 6 kg = ______ t = ______ kg
1 t 305 kg = ______ t = ______ kg	500 kg = ______ t = ______ kg
2 t 50 kg = ______ t = ______ kg	20 kg = ______ t = ______ kg
3 t 870 kg = ______ t = ______ kg	5 kg = ______ t = ______ kg

Name: ______________________ **KV 77**

Alte Gewichte von einst …

1. Erst im 19. Jahrhundert hat man begonnen, für bestimmte Namen von Gewichten ein einheitliches Gewicht festzulegen.

Jeweils **ein Pfund** wog in		So wurde ein Pfund umgerechnet:			
Preußen	500 g				
Bayern	560 g	= 4 Vierling je 140 g			
Österreich	560 g	= 4 Vierling je 140 g	= 16 Unzen je 35 g		
Frankfurt	360 g		= 12 Unzen je 30 g		
Bremen	500 g			= 10 Lot je 50 g	= 100 Quentchen je 5 g

Dort wiegt ein Pfund am wenigsten: ______________________

Dort wiegt ein Pfund am meisten: ______________________

2. Berechne das Gewicht in Gramm! Achtung, es kann über 1000 gehen!

	Preußen	Bayern	Österreich	Frankfurt	Bremen
2 Pfund Kartoffeln					
30 Lot Zwiebeln					
10 Unzen Karotten					
2 Vierling Salz					
20 Unzen Getreide					
200 Quentchen Pfeffer					

Name: ____________________ | **KV 78**

Schätzen, Messen, Umrechnen und Berechnen von Längenangaben

1. Ergänze auf einen Meter!

1 m 10 cm ____	1 m 30 cm ____	1 m 50 cm ____	1 m 70 cm ____	1 m 90 cm ____
1 m 85 cm ____	1 m 65 cm ____	1 m 73 cm ____	1 m 28 cm ____	1 m 34 cm ____

2. Markiere auf dem Maßband folgende Längen farbig:

a) 15 cm 1 mm
b) 16 cm 8 mm
c) 19 cm 7 mm
d) 21 cm 6 mm
e) 27 cm 3 mm

f) 245 mm = ______ cm ______ mm
g) 258 mm = ______ cm ______ mm
h) 265 mm = ______ cm ______ mm
i) 155 mm = ______ cm ______ mm
k) 300 mm = ______ cm ______ mm

3. Schätze zuerst die Gesamtlänge der Strecke in Millimetern!
Miss dann genau und rechne zusammen!

Meine Schätzung	Genaue Messung und Rechnung
a) ______ mm	___ mm + ___ mm + ___ mm + ___ mm + ___ mm = ___ mm
b) ______ mm	___ mm + ___ mm + ___ mm + ___ mm + ___ mm = ___ mm
c) ______ mm	___ mm + ___ mm + ___ mm + ___ mm + ___ mm = ___ mm
d) ______ mm	___ mm + ___ mm + ___ mm + ___ mm + ___ mm = ___ mm

a)
b)
c)
d)

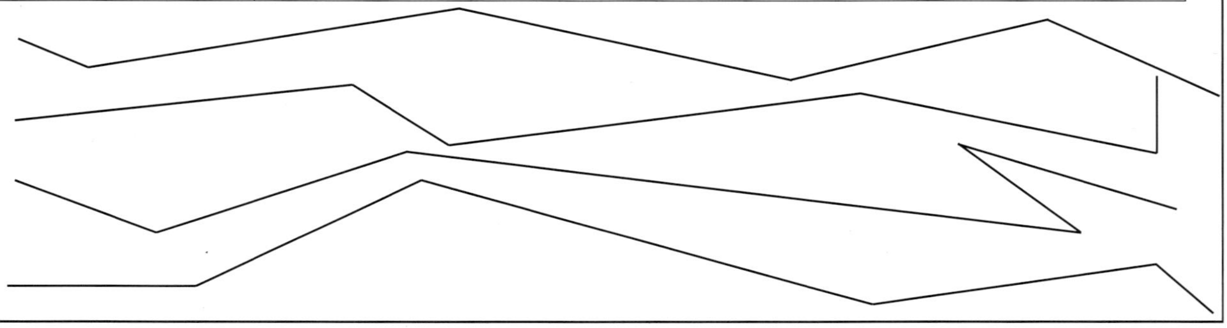

Name: ______________________________	KV 79

Schätzen, Messen, Umrechnen und Berechnen von Längenangaben

1. Körpermaße: Schätze zuerst die Länge, miss dann genau! Arbeite mit einem Partner!

	Meine Schätzung	Genaue Messung
Daumenbreite (breiteste Stelle)		
Elle (Abstand zwischen Ellenbogen und Mittelfingerspitze)		
Fuß (gemessen von der Ferse bis zur großen Zehenspitze)		
Rechtes Ohr: Länge		
Rechtes Ohr: Breite		
Der längste Finger deiner linken Hand		
Der zweitkleinste Finger deiner linken Hand		
Schuhsohle: Länge		

2. Zeichne folgende Strecken mit einem spitzen Bleistift!

a) 50 mm	
b) 1 cm 9 mm	
c) 3 cm 8 mm	
d) 67 mm	
e) 13 mm	
f) 46 mm	
g) 98 mm	
h) 0,4 cm	
i) 7,8 cm	

3. Setze das passende Zeichen ein: <, >, =

a) 3 m 19 cm	○	3,19 m	b) 76 mm	○	76 mm	c) 2,06 m	○	2 m 60 cm
1 m 37 cm	○	1,27 m	78 mm	○	78 cm	2,60 m	○	206 cm
3 m 1 cm	○	3,10 m	56 cm	○	65 mm	6,2 m	○	602 mm
5 m 87 cm	○	5,36 m	98 cm	○	89 m	2,6 m	○	2 m 6 cm

4. Ergänze die fehlenden Ziffern, Zeichen und Einheiten!
Zum Teil gibt es mehrere Lösungen:

a) 3 cm 4 mm	○	3,4 cm	b) 5 m ___ cm	(>)	567 cm	c) 2000 m	○	2 km
___ cm 8 mm	(=)	48 ___	3 ___ 45 cm	○	335 cm	3 cm	(>)	___ mm
5 cm 8 mm	(<)	58 ___	4,60 m	(>)	___ cm	_____ cm	(>)	___ m
___ cm ___ mm	(=)	65 cm	6 m 80 cm	○	6,8 ___	2 m 40 cm	(=)	___ cm

Name: ____________________ **KV 80**

Kommazahlen

Trage in die Stellenwerttafel ein und rechne um!

a)

	km	100 m	10 m	1 m		
1 km 875 m	1	8	7	5	= 1,875 km	= 1875 m
5 km 354 m						
7 km 890 m						
10 km 245 m						
5 km 230 m						
8 km 35 m						
7 km 30 m						
2 km 3 m						

b)

	m	10 cm	cm		
1 m 45 cm	1	4	5	= 1,45 m	= 145 cm
3 m 67 cm					
5 m 89 cm					
9 m 90 cm					
10 m 35 cm					
1 m 4 cm					
3 m 30 cm					
2 m 9 cm					

c)

	m	10 cm	cm	mm		
1876 mm	1	8	7	6	= 1,876 m	= 187,6 cm
35 mm	0	0	3	5	= 0,035 m	= 3,5 cm
2350 mm						
4567 mm						
345 mm						
78 mm						
2345 mm						
3 mm						

Name: ____________________ **KV 81**

Alte Längenmaße und ihre Bedeutung

1. Im Altertum erfolgte eine genaue Festlegung der Maße durch die Körpermaße des Herrschers. Seine Körpermaße waren also Normmaße und hatten in seinem Herrschaftsbereich absolute Gültigkeit. Andere Maße zu benutzen, war nicht erlaubt.
Jeder Grundherr und jede Stadt zeigte die Selbstständigkeit darin, dass sie eigene Maße hatte. Erst mit der Einführung des Meters in Deutschland konnte die Verwirrung gelöst werden.

Maß	Erklärung	Länge	Rechne um: in cm	Rechne um: in m
Daumenbreite	Länge, die etwa der Breite des ersten Daumengliedes entspricht	etwa 15 mm	1,5 cm	0,015 m
Elle	Abstand zwischen Ellenbogen und Mittelfingerspitze	Kleine Ellen:		
		Erfurt: 403 mm	40,3 cm	0,403 m
		Augsburg: 592 mm		
		Große Ellen:		
		Regensburg: 811 mm		
		Augsburg: 610 mm		
Fuß	Durchschnittliche Länge eines Männerfußes, gemessen von der Ferse bis zur Zehenspitze	Trier: 408 mm		
		Augsburg: 296 mm		
		Köln: 287 mm		
		Nürnberg: 303 mm		
Klafter/ Armspanne	Länge zwischen den Mittelfingerspitzen der waagerecht ausgestreckten Arme	Baden: 1751 mm		
		Schweiz: 3000 mm		
Meile	Auf den römischen Landstraßen befand sich jedes Mal in der Entfernung einer römischen Meile ein Meilenstein (Milliarium). Bei den Römern bestand die Meile aus 1000 Doppelschritten. Das entspricht 1479 m.	Bayern: 7415 m		
		Preußen: 7500 m		
		Sachsen: 9062 m		

2. Rechne die jeweiligen Längen aus! Nimm ein Blatt Papier als Rechenhilfe!

	Augsburg		Erfurt			
	in cm	in m	in cm	in m		
2 kleine Ellen						
	Regensburg		Augsburg			
	in cm	in m	in cm	in m		
3 große Ellen						
	Trier		Augsburg		Nürnberg	
	in cm	in m	in cm	in m	in cm	in m
4 Fuß						
	Bayern		Preußen		Sachsen	
	in cm	in m	in cm	in m	in cm	in m
2 Meilen						

Mein Tipp: Beim Umrechnen von Zentimeter in Meter verschiebt sich das Komma um 2 Stellen nach links.

Name: ______________________________ | KV 82

Addiere schriftlich mit Kommazahlen!

1. Zähle zusammen!

	1	1,	2	3	€
+	2	3,	3	4	€
	3	4,	5	7	€

	5	6,	2	3	€
+	3	2,	5	6	€

	1	5,	4	0	€
+		6,	8	9	€

	4	5,	8	6	€
+	3	4,	7	0	€

	2	0,	6	0	€
+		4,	6	1	€

		7,	9	0	€
+		3,	5	6	€

	6	7,	8	9	€
+	2	6,	7	6	€

	2	3,	0	8	€
+		4,	8	9	€

	3	4,	7	3	€
+		3,	6	0	€

	9	9,	2	0	€
+		0,	6	0	€

	1	3,	0	1	€
+	2	4,	3	0	€

	3	4,	6	7	€
+	2	8,	0	9	€

	3	8,	9	0	€
+	1	8,	7	6	€

	7	8,	3	5	€
+	1	5,	6	8	€

	3	4,	7	1	€
+		4,	6	7	€

2. Rechne mit Kommazahlen! Schreibe genau untereinander und zähle zusammen!

a) 45,67 € + 23,67 €
10,01 € + 45,09 €
56,90 € + 34,99 €
67,00 € + 20,01 €
67,78 € + 12,34 €

b) 34 € 89 Ct + 57 € 99 Ct
78 € 67 Ct + 10 € 35 Ct
12 € 25 Ct + 67 € 71 Ct
56 € 44 Ct + 25 € 56 Ct
15 € 30 Ct + 24 € 76 Ct

c) 23,67 € + 24 € 67 Ct
56 € 3 Ct + 56 Ct
59,01 € + 34 € 3 Ct
90,02 € + 4 € 4 Ct
12 € + 34 Ct

a)

	4	5,	6	7	€
+	2	3,	6	7	€
					€

+					

+					

+					

+					

b)

					€
+					€
					€

+					

+					

+					

+					

c)

					€
+					€
					€

+					

+					

+					

+					

Lösungen zu Nr. 1 und 2:
11,46 €; 12,34 €; 22,29 €; 25,21 €; 27,97 €; 37,31 €; 38,33 €; 39,38 €; 40,06 €; 48,34 €; 55,10 €; 56,59 €; 57,66 €; 62,76 €; 69,34 €; 79,96 €; 80,12 €; 80,56 €; 82,00 €; 87,01 €; 88,79 €; 89,02 €; 91,89 €; 92,88 €; 93,04 €; 94,03 €; 94,06 €; 94,65 €; 99,80 €

Name:	KV 83

Addiere schriftlich mit Kommazahlen!

1. Zähle zusammen!

41,67 m	56,50 m	15,34 m	55,43 m	10,25 m
+ 23,12 m	+ 22,50 m	+ 56,67 m	+ 34,09 m	+ 44,66 m

57,67 m	37,45 m	13,23 m	94,89 m	29,40 m
+ 3,00 m	+ 56,56 m	+ 74,45 m	+ 3,46 m	+ 10,80 m

45,7 cm	89,5 cm	23,6 cm	78,5 cm	15,1 cm
+ 23,5 cm	+ 14,6 cm	+ 59,4 cm	+ 23,4 cm	+ 74,4 cm

10,2 cm	10,6 cm	56,0 cm	5,2 cm	85,0 cm
+ 0,9 cm	+ 10,0 cm	+ 3,8 cm	+ 25,8 cm	+ 3,0 cm

Lösungen: 40,20 m; 54,91 m; 60,67 m; 64,79 m; 72,01 m; 79,00 m; 87,68 m; 89,52 m; 94,01 m; 98,35 m / 11,1 cm; 20,6 cm; 31,0 cm; 59,8 cm; 69,2 cm; 83,0 cm; 88,0 cm; 89,5 cm; 101,9 cm; 104,1 cm

2. Auf dem Trimm-dich-Pfad: Rechne aus!

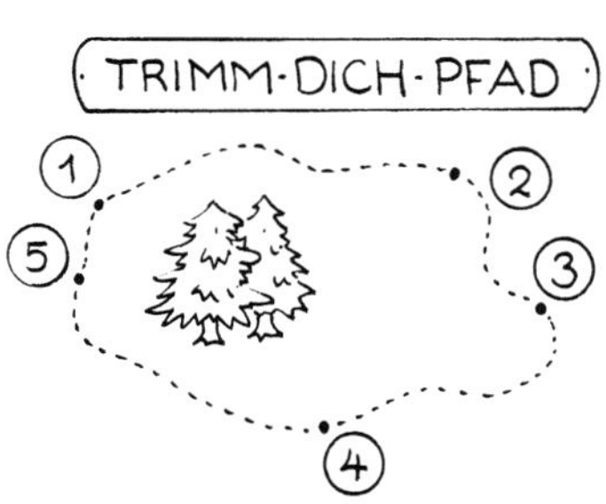

Ergänze die Streckenangaben:

Station 1 → 2: 456 m
2 → 3: 201 m
3 → 4: 369 m
4 → 5: 369 m
5 → 1: 78 m

a) Wie weit ist es von Station 1 bis Station 3?
b) Wie weit ist es von Station 2 bis Station 5?
c) Wie weit ist es von Station 4 bis Station 2?
d) Wie weit ist es von Station 1 bis Station 4?
e) Wie weit ist es von Station 5 bis Station 3?
f) Wie weit ist es insgesamt?

a)

	456 m
+	201 m

b)

+	
+	

c)

+	

d)

+	
+	

e)

+	

f)

+	
+	
+	
+	

Name: ______________________________ **KV 84**

Schriftliches Rechnen mit Kommazahlen

1. Rechne aus!

	3,	4	0	4	kg
+	5,	8	9	0	kg
	,	2	9	4	kg

	5	6,	2	3	4	kg
+	3	4,	4	5	8	kg

	3	4	6,	5	6	9	kg
+	7	8	9,	0	2	3	kg

	2	5	0,	3	6	9	kg
+	5	7	8,	0	0	2	kg

	4,	5	6	9	kg
+	3,	6	6	8	kg

	1	2,	3	6	0	kg
+	4	5,	6	8	0	kg

	7	8	5,	7	3	6	kg
+	1	2	3,	6	8	7	kg

	1	5	7,	3	6	7	kg
+	2	3	8,	7	8	0	kg

	5,	7	3	9	kg
−	2,	0	5	6	kg

	7	9,	0	5	7	kg
−		1,	3	6	9	kg

	2	5	5,	8	9	4	kg
−			5,	3	6	0	kg

	1	8	9,	5	1	0	kg
+			9,	0	0	3	kg

2. Wie groß sind die Gewichtsunterschiede?

Flipp	37,8 kg
Flo	36,5 kg
Sonja	30,2 kg

Alexander	45,9 kg
Julia	36,4 kg

Gewichtsunterschiede:

Flipp – Flo	Flipp – Julia	Flo – Julia

Flipp – Sonja	Flo – Sonja	Sonja – Alexander

Flipp – Alexander	Flo – Alexander	Sonja – Julia

				kg
−				kg

				kg
−				kg

				kg
−				kg

				kg
−				kg

				kg
−				kg

				kg
−				kg

				kg
−				kg

				kg
−				kg

				kg
−				kg

Name:	KV 85

Ziehe schriftlich ab mit Kommazahlen!

1. Rechne aus!

	8	7,	2	8	€
–	2	3,	1	4	€
		,	1	4	€

	9	6,	2	3	€
–	3	2,	5	6	€

	8	5,	4	0	€
–		6,	8	9	€

	7	5,	8	6	€
–	3	4,	7	0	€

	6	0,	6	0	€
–		4,	6	1	€

	1	7,	9	0	€
–		3,	5	6	€

	6	7,	8	9	€
–	2	6,	7	0	€

	2	3,	0	8	€
–		4,	8	9	€

	1	4,	7	3	€
–		3,	6	0	€

	8	9,	2	0	€
–		0,	6	0	€

	8	3,	0	1	€
–	2	4,	6	0	€
		,	0	0	€

	3	4,	6	9	€
–	2	8,	0	9	€

	3	8,	9	0	€
–	1	8,	7	8	€

	5	8,	3	5	€
–	1	5,	6	4	€

	5	4,	7	1	€
–		4,	6	7	€

2. Rechne mit Kommazahlen! Schreibe genau untereinander und ziehe ab!

a) 45,67 € – 13,67 €
12,01 € – 5,09 €
57,91 € – 34,89 €
34 € 79 Ct – 27 € 99 Ct
78 € 67 Ct – 10 € 36 Ct

b) 82 € 25 Ct – 67 € 71 Ct
63,67 € – 24 € 67 Ct
56 € 3 Ct – 56 Ct
13 € – 34 Ct
80,02 € – 4 € 4 Ct

c) 80 € 34 Ct – 90 Ct
56,78 € – 19 Ct
78,02 € – 3 € 4 Ct
89,03 € – 56 Ct
45 € 13 Ct – 13 € 67 Ct

a)

	4	5,	6	7	€
–	1	3,	6	7	€
					€

–					

–					

–					

–					

b)

					€
–					€
					€

–					

–					

–					

–					

c)

					€
–					€
					€

–					

–					

–					

–					

Lösungen zu Nr. 1 und 2: 6,60 €; 6,80 €; 6,92 €; 11,13 €; 12,66 €; 14,34 €; 14,54 €; 18,19 €; 20,12 €; 23,02 €; 31,46 €; 32,00 €; 39,00 €; 41,16 €; 41,19 €; 42,71 €; 50,04 €; 55,47 €; 55,99 €; 56,59 €; 58,41 €; 63,67 €; 64,14 €; 68,31 €; 74,98 €; 75,98 €; 78,51 €; 79,44 €; 88,47 €; 88,60 €

Name: ______________________________	KV 86

Ziehe schriftlich ab mit Kommazahlen!

1. Ziehe ab!

21,67 m	56,50 m	85,34 m	55,53 m	70,25 m
− 10,12 m	− 32,00 m	− 56,67 m	− 34,09 m	− 44,66 m
,55 m	m	m	m	m

37,67 m	87,45 m	93,23 m	54,89 m	49,40 m
− 3,00 m	− 56,56 m	− 74,45 m	− 3,46 m	− 10,80 m
m	m	m	m	m

45,8 cm	79,5 cm	83,6 cm	78,3 cm	95,1 cm
− 23,5 cm	− 14,6 cm	− 59,4 cm	− 23,4 cm	− 74,4 cm
cm	cm	cm	cm	cm

10,2 cm	10,5 cm	46,0 cm	75,2 cm	75,0 cm
− 0,7 cm	− 10,0 cm	− 3,8 cm	− 5,8 cm	− 3,0 cm
cm	cm	cm	cm	cm

Lösungen: 11,55 m; 18,78 m; 21,44 m; 24,50 m; 25,59 m; 28,67 m; 30,89 m; 34,67 m; 38,60 m; 51,43 m / 0,5 cm; 9,5 cm; 20,7 cm; 22,3 cm; 24,2 cm; 42,2 cm; 54,9 cm; 64,9 cm; 69,4 cm; 72,0 cm

2. Vergleiche die Längen der Schulwege untereinander und berechne die Längenunterschiede!

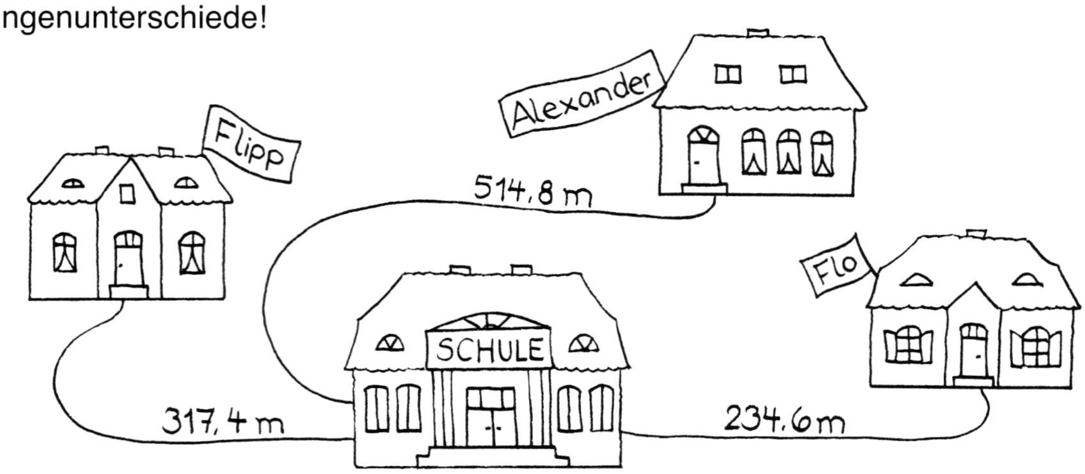

a) Alexanders Schulweg ist ________ m länger als Flos Schulweg.

514,8 m
− 234,6 m
, m

b) Alexanders Schulweg ist ________ m länger als Flipps Schulweg.

, m
− , m
, m

c) Flipps Schulweg ist ________ m länger als Flos Schulweg.

−

Name: ______________________________ KV 87

Was gehört zusammen?

1. Ordne jeder Aufgabe die richtige Rechnung zu! Verbinde mit Pfeilen! Du brauchst hier nichts auszurechnen!

Aufgaben:	Rechnungen:
Die Bahnfahrt von Nürnberg nach Würzburg kostet 65 Euro. Peters Koffer wiegt 15 kg.	65 + 15
Markus besitzt 65 Murmeln. Er verteilt sie an 15 Kinder.	65 − 15
Susi sammelt Briefmarken. Zu ihren 65 kauft sie auf dem Flohmarkt noch 15 dazu.	65 : 15
In der Klassenbücherei stehen 65 Bücher. Für den Basar spendet die Klasse 3a 15 Bücher an ihre Partnerklasse.	65 · 15
Die Klassen 3a und 3b fahren mit dem Bus ins Schullandheim. Hin- und Rückfahrt kosten 15 Euro für jeden der 65 Schüler.	

2. Zu welcher Rechengeschichte passen folgende Fragen und Antworten? Kreuze an! Du brauchst hier nichts auszurechnen!

a) Katharina will mit 5 Freundinnen ein Gartenfest feiern. Zum Schmücken kauft sie 5 Girlanden, das Stück für 1,50 Euro. 7 Lampions zu je 1,10 Euro. Im Supermarkt holt ihre Mutter noch 2 Kästen Limonade, den Kasten für 3,99 Euro, und Gebäck für 10,50 Euro. Sie bezahlt mit einem 20-Euro-Schein.

b) Max lädt 5 Freunde zum Kindergeburtstag ein. Dazu will er die Tischkärtchen und den Tischschmuck selbst basteln. Er kauft 5 Bögen Tonpapier, den Bogen für 50 Cent, 2 Päckchen Aufkleber, das Stück für 1,10 Euro. Er hat 10 Euro dabei. Beim Bäcker besorgt seine Mutter den Kuchen für 6,20 Euro und 5 Päckchen Süßigkeiten, das Stück für 60 Cent.

a)	b)	
		Wie hoch sind die gesamten Ausgaben für den Geburtstag?
		Was kosten die Girlanden?
		Reicht Max der 10-Euro-Schein?
		Wie teuer sind die 7 Lampions zusammen?
		Was bezahlt Mutter für den Kuchen und die Süßigkeiten?
		Wie viel kostet das Bastelmaterial zusammen?
		Wie viel Euro muss die Mutter im Supermarkt bezahlen?
		Reicht der Mutter der 20-Euro-Schein?
		Wie viel Euro bekommt Mutter zurück?
		Wie hoch sind die gesamten Ausgaben für das Gartenfest?
		Wie teuer ist der Schmuck für den Garten zusammen?

Name: ______________________ KV 88

Lösbar oder nicht lösbar?

Lies jede Aufgabe genau durch!
Ist die Aufgabe lösbar, dann rechne sie aus und beantworte die Rechenfrage!
Ist die Aufgabe nicht lösbar, dann begründe warum!

1. Petra bekommt für den Urlaub ein Paar neue Turnschuhe für 40 Euro, einen Badeanzug für 19 Euro und einen neuen Bademantel für 25 Euro.
   Welche Farbe hat der Badeanzug?

   ☐ lösbar: ☐ nicht lösbar:
   Rechnung und Antwort: oder Begründung:

2. In der Klasse 3a sind 17 Jungen und 12 Mädchen.
   Wie alt ist der Klassenleiter Herr Schmidt?

   ☐ lösbar: ☐ nicht lösbar:
   Rechnung und Antwort: oder Begründung:

3. Susi kauft Bananen für 1,95 Euro, ein Brot für 2,10 Euro und Wurst für 5,25 Euro.
   Wie viel Geld bekommt Susi zurück?

   ☐ lösbar: ☐ nicht lösbar:
   Rechnung und Antwort: oder Begründung:

4. Erfinde selbst Aufgaben, die nicht lösbar sind, und schreibe sie ins Heft!

Name: ______________________ | KV 89

Lies genau! Finde das Wichtige heraus!

1. Alexander ist neuneinhalb Jahre alt. Er fährt leidenschaftlich gern mit seinen Inlineskates durch die Gegend. Seine Inliner haben 149 € gekostet. Sie sind blau mit je 3 schwarzen Schnallen. Dazu hat er noch einen hellblauen Helm für 49 €, Ellbogen- und Knieschützer sowie Handgelenkschoner für insgesamt 35 € gekauft. Alexander ist ganz begeistert. Jeden Tag fährt er mindestens 2 Stunden. Bald will er an einem Wettbewerb teilnehmen. Wie viel hat Alexanders Ausrüstung insgesamt gekostet?
   a) Streiche alle Informationen weg, die du nicht zum Rechnen brauchst!
   b) Schreibe in Stichpunkten auf, was du zum Ausrechnen brauchst!
   c) Rechne die Aufgabe aus!
   d) Notiere die Antwort!

2. Manuela und ihre Freundin Sina machen einen Fahrradausflug. Endlich sind die beiden Mädchen am Ziel. „Wie lange waren wir denn unterwegs?“, fragt Manuela ganz gespannt. Sie denken gemeinsam nach: „Losgefahren sind wir um 9.00 Uhr. Nach einer Stunde haben wir eine halbe Stunde Pause beim Metzger gemacht. Dann haben wir die Räder den steilen Berg eine halbe Stunde hochgeschoben. Leider hattest du dann einen Platten. Das hat eine Stunde gedauert, bis wir weiterfahren konnten. Nach weiteren zwei Stunden sind wir nun endlich hier angekommen. Wie lange waren wir denn nun insgesamt unterwegs?“
   a) Unterstreiche alle für dich wichtigen Angaben in der Aufgabe!
   b) Rechne aus!
   c) Vergiss den Antwortsatz nicht!

Name: ____________________ KV 90

Überprüfe das Ergebnis!

1. Überprüfe die Vermutung von Flipp!

   Flipp und Flo wollen auf dem Flohmarkt ihre alten Spielsachen verkaufen. „Sag mal, Flipp, wir verdienen bestimmt 100 Euro mit dem Verkauf. Damit können wir uns jeder jeden Tag ein Jahr lang eine Kugel Eis für 50 Cent kaufen“, überlegt Flo.
   Flipp denkt nur kurz nach und schüttelt dann den Kopf. „Da musst du dich verrechnet haben“, meint er.

   Hat Flipp Recht? Überprüfe den Vorschlag von Flo, rechne nach und antworte!

   ____

2. a) Was wäre, wenn sie 200 Euro einnähmen?

   ____

   b) Was wäre, wenn sie 400 Euro einnähmen?

   ____

3. Flipp möchte zu seinem Geburtstag Flo und drei weitere Freunde einladen. Die Feier soll im Schwimmbad stattfinden. Der Eintritt kostet für jedes Kind 6 Euro. Insgesamt soll die Feier bis 19.00 Uhr dauern. Flipp bezahlt mit einem 50-Euro-Schein und erhält 25 Euro zurück.

   a) Kann das sein? Berichtige, falls nötig!

   ____

   ____

4. Überprüfe und kreuze an: ✗ = falsch ✓ = richtig

	✗	✓		✗	✓
Das Doppelte von 40 ist 90.			15 Schüler sind im Schulbus. 17 Schüler steigen aus. 2 Kinder müssen noch zusteigen, damit der Bus leer ist.		
5 Eiskugeln kosten 3,50 Euro. Auf einen 5-Euro-Schein erhält man 2,50 Euro zurück.			Eine Gesprächseinheit für eine Minute auf dem Handy kostet 10 Cent. Eine halbe Stunde Telefonieren kostet 3 Euro.		
Peter springt 3,10 m weit. Hannelore springt das Dreifache.			Ich denke mir eine Zahl, ziehe 7 ab, nehme sie mal 2 und erhalte 42. Meine Zahl heißt 28.		

Name: ______________________________ KV 91

Zum Nachdenken!

1. Tim will an seinem Geburtstag mit vier weiteren Freunden nach dem Kaffeetrinken Minigolf spielen.
   Der Eintritt kostet für jedes Kind 2,50 Euro. Insgesamt soll die Feier bis 19.00 Uhr dauern.
   Frage: Wie lange dauert die Feier insgesamt?

   a) Welche Angabe fehlt, damit du die Rechenfrage beantworten kannst?

   ____

   ____

   b) Überlege dir eine lösbare Rechenfrage für die Geschichte!

   Frage: ______________________________

   c) Rechne die Aufgabe nun aus und beantworte deine Rechenfrage!

   Antwort: ______________________________

2. Male eine Geburtstagseinladungskarte, mit der man genau ausrechnen kann, wie lange die Feier dauert!
   Vergiss nicht, darauf zu malen oder zu schreiben, was die Kinder alles mitbringen sollen!

Geburtstagseinladung

Name: ____________________ **KV 92**

Skizzen und Zeichnungen zu Sachaufgaben

1. Ordne die Zeichnungen den Aufgaben zu!

a) Herr Maier möchte seinen Garten einzäunen. Der Garten ist 30 Meter lang und 15 Meter breit. Wie viele Meter Zaun benötigt er?
Zu dieser Aufgabe gehört Zeichnung ____.

b) Hugo will sich einen Wecker für das Schullandheim kaufen. Der Wecker kostet 12 Euro. Gespart hat er 7 Euro 50 Cent. Wie viel Geld fehlt ihm noch?
Zu dieser Aufgabe gehört Zeichnung ____.

c) Lisa geht um 7.30 Uhr aus dem Haus. Mit dem Fahrrad braucht sie 15 Minuten zur Schule und noch 3 Minuten ins Klassenzimmer. Wie lange ist Lisa unterwegs?
Zu dieser Aufgabe gehört Zeichnung ____.

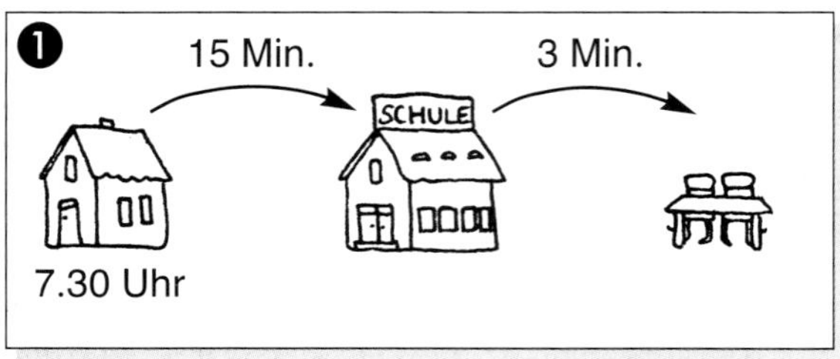

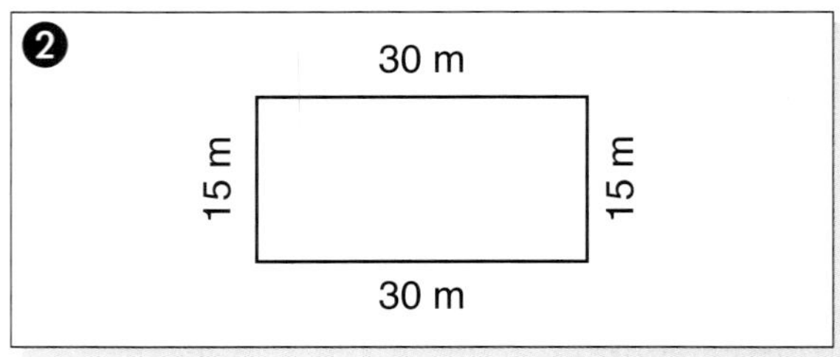

d) Wer ist am kleinsten? Hanna ist 1,49 m groß. Ronald ist 5 cm kleiner als Hanna. Susi ist 8 cm kleiner als Hanna und 8 cm kleiner als Tim.
Zu dieser Aufgabe gehört Zeichnung ____.

e) Adriana und Patrick kaufen sich ein „Mensch-ärgere-dich-nicht-Spiel“ für 5 Euro 80 Cent, dazu 2 Ersatzwürfel für je 50 Cent und kleine Salzstängchen als Knabbergebäck für 75 Cent. Sie bezahlen mit einem 10-Euro-Schein.
Zu dieser Aufgabe gehört Zeichnung ____.

f) Sheila skatet zum Freibad. Um 9.00 Uhr fährt sie los. Nach einer halben Stunde macht sie 15 Minuten Pause. Um 10.00 Uhr kommt sie an. Wie lange hat sie für die Fahrstrecke gebraucht?
Zu dieser Aufgabe gehört Zeichnung ____.

2. Zu zwei Aufgaben findest du keine Zeichnung. Zeichne selbst zu diesen Aufgaben!

Zeichnung zu Aufgabe ____:

Zeichnung zu Aufgabe ____:

Praxiserprobte Materialien für Ihren Mathematikunterricht!

Auer bringt Abwechslung in die Schule!

Norbert Seeger/Rita Seeger

Rechen-Mandalas

Übungsaufgaben zum kleinen Einmaleins – Mit Divisionsaufgaben
Kopiervorlagen für das 2. Schuljahr

40 S., DIN A4, kart. Best.-Nr. **3566**

Fördern Sie gleichzeitig die Konzentration, die feinmotorischen Fähigkeiten und nicht zuletzt die Rechenkompetenz Ihrer Schüler/-innen!
Wie funktioniert die Arbeit mit diesen Rechenmandalas?
Bei jedem Mandala suchen die Kinder zuerst das Feld mit der ersten Aufgabe, rechnen sie aus und tragen die Lösungszahl ein. Anschließend malen sie das Feld dem Farbenschlüssel entsprechend aus. Auf diese Weise wandern die Kinder Feld für Feld vom Rand des Mandalas zur Mitte. Mit Hilfe der Lösungsblätter auf den Rückseiten der Aufgabenblätter kontrollieren sie sich selbst.

Norbert Seeger/Rita Seeger

DINO Rechen-Mandalas

Aufgaben zur mündlichen Addition und Subtraktion im Zahlenraum bis 1000 – Eine Übungsfolge
Kopiervorlagen für das 3. Schuljahr

40 S., DIN A4, kart. Best.-Nr. **4009**

Mit den lustigen DINO Rechen-Mandalas den Spaß am Rechnen fördern! Viele motivierende Illustrationen schaffen hierfür mühelos den Impuls. Bei jedem Mandala suchen die Kinder zuerst das Feld mit der ersten Aufgabe und lösen sie. Dann malen sie die Felder nach dem angegebenen Farbenschlüssel aus, bis sie zur Mitte vorgedrungen sind. Ein Forscher stellt die einzelnen Dinosaurier jeweils kurz vor. Ein abwechslungsreiches Übungsangebot auch für die Freiarbeit oder Phasen der Entspannung! Mit Lösungsblättern.

Josef Schmid-Egger

Geometrische Figuren entwerfen und gestalten

80 S., DIN A4, kart. Best.-Nr. **3440**

Kreativität und Mathematik schließen sich nicht aus – im Gegenteil! Dieser Band bietet insgesamt 150 geometrische Figuren für die Klassen 1 bis 4 in der Grundschule. Die Kinder rekonstruieren die Figuren und gestalten sie anschließend aus. Dabei entstehen fast immer ganz verschiedene, in vielen Fällen wunderschöne Ergebnisse. Geschult werden genaues, konzentriertes Arbeiten ebenso wie künstlerische Fähigkeiten. So macht der Mathematikunterricht Spaß!

Auer BESTELLCOUPON Auer

Ja, bitte senden Sie mir/uns

____ Expl. Norbert Seeger/Rita Seeger
Rechen-Mandalas Best.-Nr. **3566**

____ Expl. Norbert Seeger/Rita Seeger
DINO Rechen-Mandalas Best.-Nr. **4009**

____ Expl. Josef Schmid-Egger
Geometrische Figuren entwerfen und gestalten Best.-Nr. **3440**

mit Rechnung zu.

Rund um die Uhr bequem bestellen!
Telefon: 01 80/5 34 36 17
Fax: 09 06/7 31 78
E-Mail: info@auer-verlag.de

Bitte kopieren und einsenden an:

Auer Versandbuchhandlung
Postfach 11 52
86601 Donauwörth

Meine Anschrift lautet:

Name/Vorname

Straße

PLZ/Ort

Datum/Unterschrift

E-Mail